U0385968

烘焙快乐厨房

一看就想吃的西式点心

黎国雄◎主编

黑龙江科学技术出版社
HEILONGJIANG SCIENCE AND TECHNOLOGY PRESS

图书在版编目（CIP）数据

一看就想吃的西式点心 / 黎国雄主编. -- 哈尔滨 : 黑龙江科学技术出版社, 2018.1
（烘焙快乐厨房）
ISBN 978-7-5388-9403-5

Ⅰ. ①一… Ⅱ. ①黎… Ⅲ. ①西点－烘焙 Ⅳ. ①TS213.2

中国版本图书馆CIP数据核字(2017)第273187号

一看就想吃的西式点心

YIKAN JIU XIANGCHI DE XISHI DIANXIN

主　　编 黎国雄
责任编辑 马远洋
摄影摄像 深圳市金版文化发展股份有限公司
策划编辑 深圳市金版文化发展股份有限公司
封面设计 深圳市金版文化发展股份有限公司
出　　版 黑龙江科学技术出版社
地址：哈尔滨市南岗区公安街70-2号　邮编：150007
电话：（0451）53642106　传真：（0451）53642143
网址：www.lkcbs.cn
发　　行 全国新华书店
印　　刷 深圳市雅佳图印刷有限公司
开　　本 685 mm×920 mm　1/16
印　　张 13
字　　数 120千字
版　　次 2018年1月第1版
印　　次 2018年1月第1次印刷
书　　号 ISBN 978-7-5388-9403-5
定　　价 39.80元

【版权所有，请勿翻印、转载】

Contents
目录

Chapter 1 制作西点前的准备

002------ 工具篇

004------ 材料篇

006------ 技法篇

012------ 挞皮制作

014------ 派皮制作

Chapter 2 迅速上手的香酥饼干

018------ 饼干棒

020------ 全麦饼干棒

022------ 芝士薄饼

023------ 杏仁瓦片饼干

024------ 草本薄饼

026------ 花蛋饼

028------ 核桃年轮饼干

029------ 椰香核桃饼干

030------- 核桃焦糖饼干

032------- 葵花子饼干

033------- 杏仁奶油饼干

034------- 巧克力燕麦球

036------- 杏仁巧克力饼干

037------- 肉桂饼干

038------- 巧克力雪球饼干

040------- 芝士番茄饼干

042------- 花样果酱饼干

044------- 花样坚果饼干

046------- 芝士脆饼

047------- 海苔脆饼

048------- 白巧克力双层饼干

050------- 伯爵芝麻黑糖饼干

052------- 林兹挞饼干

054------- 巧克力曲奇

056------- 巧克力椰子曲奇

058------- 燕麦香蕉曲奇

059------- 夏威夷抹茶曲奇

060------- 南瓜曲奇

061------- 双色芝麻曲奇

062------- 紫薯蜗牛曲奇

064------- 黑松露脆饼

066------- 彩糖咖啡杏仁曲奇

068------- 蔓越莓曲奇

069------- 芝士奶酥

070------- 咖啡坚果奶酥

072------- 香草奶酥

074------- 红茶奶酥

Chapter 3 不得不爱的松软面包

078------ 花生卷包
080------ 莲蓉莎翁
082------ 马卡龙面包
083------ 牛奶乳酪花形面包
084------ 蜂蜜奶油甜面包
086------ 椰丝奶油包
087------ 法国面包
088------ 巧克力星星面包
090------ 葡萄干木柴面包
091------ 果干麻花辫面包
092------ 卡仕达柔软面包
094------ 巧克力核桃面包
095------ 蔓越莓芝士球
096------ 柠檬多拿滋
098------ 胚芽脆肠面包
100------ 紫菜肉松包
101------ 香葱烟肉包
102------ 甜甜圈
104------ 咖喱杂菜包
105------ 日式肉桂苹果包
106------ 地中海橄榄烟肉包
107------ 厚切餐肉包
108------ 南瓜面包
110------ 枫叶红薯面包
112------ 橄榄油乡村面包
114------ 芝麻小汉堡
116------ 咖啡葡萄干面包
118------ 面具佛卡夏
120------ 欧陆红莓核桃面包
122------ 滋味肉松卷
124------ 爱尔兰苏打面包
125------ 白吐司
126------ 蓝莓吐司
128------ 奶油地瓜吐司
130------ 巧克力大理石吐司

Chapter 4 吃了又吃的绵软蛋糕

134------ 脆皮菠萝蛋糕
136------ 原味戚风蛋糕
137------ 抹茶戚风蛋糕
138------ 香蕉阿华田雪芳
140------ 枫糖核桃戚风蛋糕
141------ 法式海绵蛋糕
142------ 胡萝卜蛋糕
143------ 椰香海绵蛋糕
144------ 枫糖柚子小蛋糕
146------ 甜蜜奶油杯子蛋糕
147------ 黑糖桂花蛋糕
148------ 巧克力香蕉蛋糕
150------ 巧克力咖啡蛋糕
152------ 雪花杯子蛋糕
154------ 可乐蛋糕
156------ 薄荷酒杯子蛋糕
158------ 朗姆酒树莓蛋糕
160------ 抹茶红豆杯子蛋糕
162------ 红茶蛋糕
164------ 古典巧克力蛋糕
165------ 栗子巧克力蛋糕
166------ 苹果奶酥磅蛋糕
167------ 长颈鹿蛋糕卷
168------ 抹茶芒果戚风卷
170------ 草莓慕斯
172------ 香橙慕斯
174------ 蓝莓焗芝士蛋糕
175------ 意大利波伦塔蛋糕
176------ 伯爵茶慕斯蛋糕
178------ 花园蛋糕

Chapter 5 挞、派及其他点心

182------ 卡仕达酥挞
184------ 红糖伯爵酥挞
185------ 蛋挞
186------ 草莓挞
188------ 西洋梨挞
189------ 核桃派
190------ 千丝水果派
192------ 松饼
193------ 卡仕达布丁
194------ 芒果果冻
195------ 青柠酒冻
196------ 思慕雪
197------ 芒果轻芝士
198------ 拿破仑千层水果酥
200------ 香草泡芙

Chapter 2

迅速上手的香酥饼干

不同于制作面包的耐心考验、蛋糕的精致要求，饼干休闲小巧且最容易上手。当你初识西点跃跃欲试时，不妨制作一下饼干，既可锻炼动手能力，又能将对西点的兴趣提升到一个更深的层次。

「饼干棒」

烘焙时间： 14 分钟

看视频学西点

原料 Material

细砂糖------- 33 克
无盐黄油---150 克
冰水------- 75 毫升
低筋面粉---200 克
盐---------------1 克
蛋黄---------- 20 克
食用油---- 10 毫升
杏仁片------- 30 克

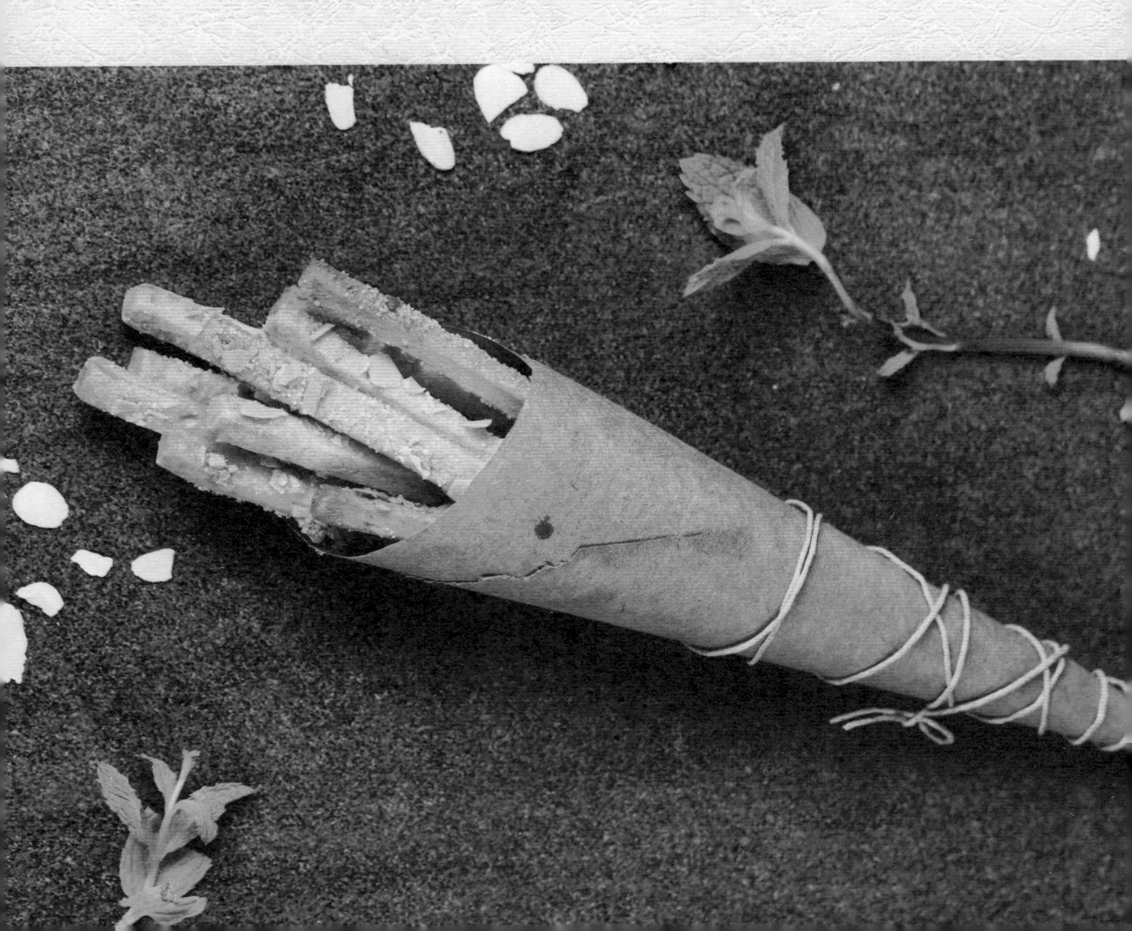

做法 Make

1. 将无盐黄油放入无水无油的搅打盆中，用橡皮刮刀压软。

2. 将细砂糖 13 克、盐放入装有无盐黄油的搅打盆中，搅拌均匀。

3. 倒入蛋黄搅拌均匀后，倒入冰水，持续搅拌至完全融合。

4. 筛入低筋面粉，用橡皮刮刀摁压至无干粉，用手轻轻揉成光滑的面团（注意揉的时候不要过度，面团容易出油）。

5. 用擀面杖将面团擀成厚度约 4 毫米的饼干面片。

6. 将面片切成正方形，再切成细长条状，摆放在烤盘上。

7. 在长条状的饼干坯上刷食用油，再撒上剩余的细砂糖。

8. 将杏仁片切碎，装饰在饼干坯上。烤箱以上、下火 185℃预热，将烤盘置于烤箱的中层，烘烤 14 分钟即可。

看视频学西点

「全麦饼干棒」

烘焙时间：14 分钟

原料 Material

细砂糖------- 70 克
无盐黄油---- 80 克
全麦面粉---- 50 克
中筋面粉---250 克
黑芝麻------- 20 克
牛奶------- 70 毫升

做法 Make

1.将无盐黄油和细砂糖放入搅打盆中，用橡皮刮刀搅拌均匀，再倒入牛奶，搅拌均匀。

2.加入全麦面粉和黑芝麻，混合均匀。

3.筛入中筋面粉，搅拌至无干粉后，用手轻轻揉成光滑的面团（注意揉的时候不要过度，面团容易出油）。

4.用擀面杖将面团擀成厚度约 4 毫米的面片。

5.将面片切成正方形，再切成细长条状的饼干坯。

6.将饼干坯放在烤盘上。

7.烤箱以上、下火 185℃预热，将烤盘置于烤箱中层，烘烤 14 分钟。

8.取出烤好的饼干棒，稍凉即可食用。

「芝士薄饼」

烘焙时间： 15 分钟

看视频学西点

原料 Material

牛奶------- 60 毫升
无盐黄油---- 45 克
低筋面粉---150 克
盐---------------5 克
芝士粉------- 10 克

做法 Make

1.将无盐黄油倒入搅打盆中，加入盐、芝士粉。

2.用手动打蛋器搅拌均匀。

3.牛奶倒入搅打盆中，继续搅拌均匀。

4.筛入低筋面粉，用橡皮刮刀搅拌至无干粉，用手轻轻揉成光滑的面团（注意揉的时候不要过度，面团容易出油）。

5.用擀面杖将制好的面团擀成厚度约 4 毫米的面片。

6.再用花形模具在面片上压出饼干坯，放在烤盘上。

7.烤箱以上、下火 180℃预热，将烤盘置于烤箱的中层。烘烤 15 分钟即可。

「杏仁瓦片饼干」

烘焙时间： 12 ～ 15 分钟

原料 Material

蛋白---------- 60 克
细砂糖------- 50 克
低筋面粉---- 35 克
杏仁片------- 50 克
无盐黄油---- 40 克

做法 Make

1.将蛋白装进无水无油的搅打盆里，用电动打蛋器打出细微的泡沫。

2.加入细砂糖，然后用电动打蛋器搅打 30 秒左右即可，使细砂糖与蛋白完全融合。

3.加入过筛好的低筋面粉、杏仁片，搅拌至无干粉。

4.将无盐黄油放入微波炉中，加热 30 秒至熔化。

5.搅打盆中倒入熔化的无盐黄油，用手动打蛋器搅拌均匀，制成面糊。

6.将面糊放入裱花袋中，剪出一个直径约 8 毫米的开口。

7.在烤盘中挤出圆形饼干坯。

8.烤箱预热 160℃，将烤盘置于烤箱的中层，烘烤 12~15 分钟，待边缘呈现金黄色后取出，摆到网架上放凉即可。

看视频学西点

「草本薄饼」

烘焙时间：13分钟

原料 Material

冰牛奶---- 60 毫升
无盐黄油---- 45 克
低筋面粉---150 克
盐---------------5 克
罗勒粉------- 10 克

做法 Make

1.在搅打盆中放入室温软化的无盐黄油，加入罗勒粉搅拌均匀。

2.加入盐，搅拌均匀。

3.筛入低筋面粉，用橡皮刮刀搅拌均匀。

4.倒入冰牛奶，搅拌均匀，用手轻轻揉成光滑的草本面团（注意揉的时候不要过度，面团容易出油）。

5.将面团用擀面杖擀成厚度约 4 毫米的面片。

6.用八角星模具, 压出相应形状的饼干坯, 摆放在烤盘上。

7.烤箱以上、下火 180℃预热，将烤盘置于烤箱中层，烘烤 13 分钟。

8.将烤盘拿出，饼干凉凉即可食用。

看视频学西点

「花蛋饼」

烘焙时间：12 分钟

原料 Material

无盐黄油---- 50 克
细砂糖------- 65 克
全蛋液------- 25 克
低筋面粉---100 克
泡打粉---------2 克
盐---------------1 克
水---------- 40 毫升
蛋黄---------- 20 克
淡奶油---- 20 毫升

做法 Make

1.水倒入小锅中，加入 25 克细砂糖，加热至细砂糖完全溶化。
2.糖水煮沸后关火，倒入蛋黄中，搅拌均匀。
3.再倒入淡奶油，搅拌匀成蛋糊馅料。
4.无盐黄油放入搅打盆中，加入剩余细砂糖，搅拌均匀。
5.倒入全蛋液，搅拌均匀。
6.加入泡打粉和盐。
7.筛入低筋面粉，搅拌至无干粉，用手轻轻揉成光滑的面团（注意揉的时候不要过度，面团容易出油）。
8.将面团擀成厚度约 4 毫米的面片。
9.用星星模具压出星星形状的饼干坯。
10. 再用小瓶盖在星星的中心稍压出一个凹槽，并将饼干坯挪至烤盘上。
11. 将蛋糊馅料用小勺放在饼干坯的凹槽中。
12. 烤箱预热 180℃，将烤盘置于烤箱的中层，烘烤 12 分钟即可。

「核桃年轮饼干」

烘焙时间： 12 分钟

原料 Material

无盐黄油---- 78 克
细砂糖------- 90 克
杏仁粉------- 20 克
全蛋液------- 25 克
低筋面粉---130 克
泡打粉---------1 克
盐---------------1 克
核桃---------- 25 克

做法 Make

1.无盐黄油 60 克放入搅打盆中，加入 40 克细砂糖，用手动打蛋器搅拌均匀。

2.加入盐，搅拌均匀，再倒入全蛋液，搅拌均匀。

3.筛入低筋面粉、杏仁粉和泡打粉，用橡皮刮刀搅拌均匀，揉成光滑的面团。

4.用擀面杖将面团擀成厚度约 3 毫米的面片，表面涂上 18 克室温软化的无盐黄油。

5.核桃捣碎，加入剩余细砂糖，搅拌均匀，铺在面片上。

6.把面片卷好，放入冰箱冷冻约 30 分钟，取出，切成厚度约 7 毫米的饼干坯，放在烤盘上。

7.烤箱预热 180℃，将烤盘置于烤箱的中层，烘烤 12 分钟即可。

「椰香核桃饼干」

烘焙时间：30 分钟

原料 Material

椰浆---------- 30 克
细砂糖------- 50 克
大豆油---- 45 毫升
全蛋液------- 25 克
低筋面粉-------120
椰子粉------- 35 克
核桃---------- 25 克

做法 Make

1.将椰浆和细砂糖用手动打蛋器搅拌均匀。

2.加入大豆油，搅拌均匀。

3.倒入全蛋液继续搅拌均匀。

4.筛入低筋面粉、椰子粉搅拌均匀，成细腻的面糊。

5.将面糊装入装有圆齿花嘴的裱花袋中，并在烤盘上挤出花形饼干坯。

6.在饼干坯上装饰核桃，将烤盘放进预热至 150℃的烤箱中层，烘烤 30 分钟即可。

看视频学西点

「核桃焦糖饼干」

烘焙时间：30 分钟

原料 Material

无盐黄油---180 克
细砂糖------- 80 克
盐---------------2 克
全蛋液------- 15 克
低筋面粉---120 克
杏仁粉------- 40 克
淡奶油---- 40 毫升
蜂蜜---------- 40 克
核桃---------100 克

做法 Make

1.在 100 克无盐黄油中加入 40 克细砂糖，搅拌均匀。
2.倒入全蛋液，搅拌均匀。
3.筛入低筋面粉、杏仁粉、盐，用橡皮刮刀搅拌均匀，用手轻轻揉成光滑的面团。
4.将揉好的面团包上保鲜膜，再放入冰箱冷藏约 30 分钟。
5.取出面团，用擀面杖擀成厚度约 4 毫米的面片。
6.撕开保鲜膜后，将面片放置在贴好油纸的烤盘上。
7.准备一个小叉子，将面片戳若干个透气孔。
8.烤箱预热 150℃，将烤盘置于烤箱的中层，烘烤 15 分钟成饼干底。
9.将剩余无盐黄油和细砂糖煮至微微焦黄，倒入淡奶油和蜂蜜。
10.再加入核桃，搅拌均匀成焦糖核桃。
11.将焦糖核桃放在烘烤好的饼干底上，用橡皮刮刀抹平。
12.放入烤箱，以 150℃再烘烤 15 分钟，取出放凉，切成正方形的饼干即可食用。

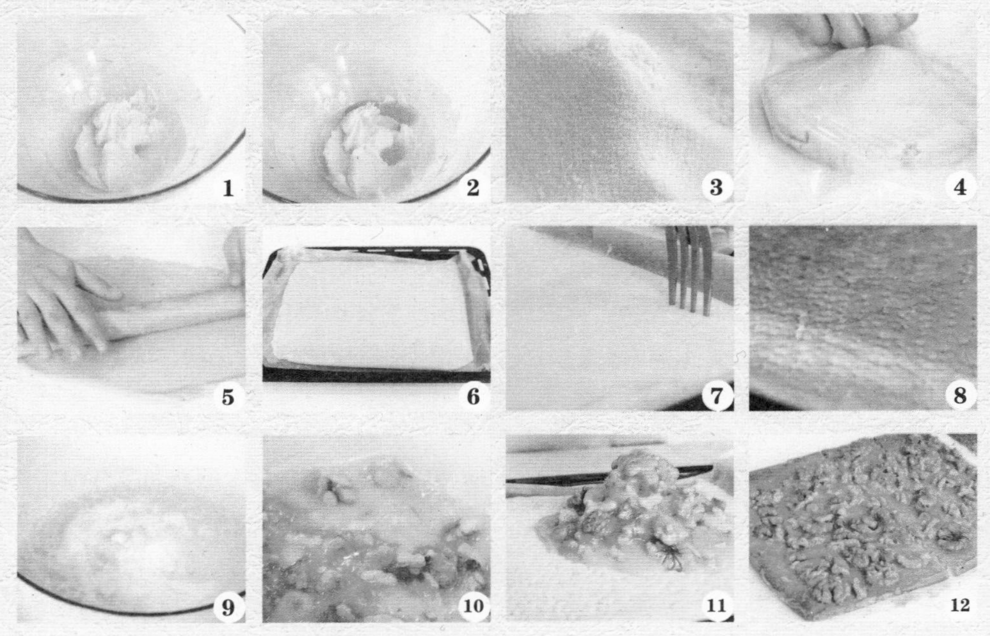

「葵花子饼干」

烘焙时间：18 分钟

原料 Material

无盐黄油---- 75 克
糖粉---------- 30 克
盐-------------- 少许
全蛋液------- 20 克
低筋面粉---100 克
葵花子------- 40 克

做法 Make

1.将无盐黄油放入干净的搅打盆中，用橡皮刮刀将无盐黄油压软。

2.倒入全蛋液，用电动打蛋器搅打均匀。

3.加入糖粉，搅打均匀，再加入盐，搅拌均匀，加入 30 克葵花子，用橡皮刮刀继续搅拌均匀。

4.筛入低筋面粉，用橡皮刮刀搅拌至无干粉，成细腻的饼干面糊。

5.将面糊倒入已经装有圆齿形裱花嘴的裱花袋中。

6.在烤盘上挤出圆形面糊，表面撒些剩余的葵花子装饰。

7.烤箱预热 160℃，将烤盘置于烤箱的中层，烘烤 18 分钟即可。

「杏仁奶油饼干」

烘焙时间：12～15 分钟

原料 Material

无盐黄油---- 80 克
糖粉---------- 80 克
盐------------ 0.5 克
低筋面粉---- 90 克
可可粉------- 10 克
牛奶------- 10 毫升
杏仁----------- 适量
全蛋液------- 25 克
杏仁粉------- 45 克
香草精--------- 2 克

做法 Make

1.将室温软化的 50 克无盐黄油放入搅打盆中，加入 50 克糖粉和盐。

2.倒入牛奶搅拌均匀，筛入低筋面粉、可可粉，用橡皮刮刀搅拌至无干粉状，再揉成面团，放进冰箱冷藏 30 分钟。

3.取出面团，擀成厚度为 5 毫米的饼干面皮，并用大圆形饼干模具裁切出圆形饼干坯。再用小圆形饼干模具镂空中心部位，完成后将饼干坯放入冰箱冷藏 30 分钟。

4.剩余无盐黄油加入糖粉 30 克、全蛋液，再加入香草精和杏仁粉拌匀成杏仁奶油，装入裱花袋中。

5.取出饼干坯，移至烤盘，在镂空的位置挤上杏仁奶油。

6.奶油上放整颗的杏仁，完成后将烤盘放进预热至 170~175℃的烤箱中层烘烤 12~15 分钟即可。

「巧克力燕麦球」

烘焙时间： 16 分钟

看视频学西点

原料 Material

无盐黄油---- 75 克
细砂糖------100 克
全蛋液------- 25 克
中筋面粉---- 50 克
泡打粉---------2 克
可可粉---------5 克
燕麦片------100 克
巧克力------- 25 克

做法 Make

1. 将无盐黄油放入干净的搅打盆中，加入细砂糖，用橡皮刮刀搅拌均匀。

2. 倒入搅散的全蛋液，搅拌均匀。

3. 加入备好的燕麦片，混合均匀。

4. 加入泡打粉，筛入中筋面粉和可可粉，揉成光滑的面团。

5. 将面团分成每个30克的小饼干坯，搓圆，放在烤盘上。

6. 烤箱预热175℃，将烤盘置于烤箱的中层，烘烤16分钟，拿出凉凉。

7. 巧克力隔温水熔化，再将熔化的巧克力液装入裱花袋中。

8. 裱花袋用剪刀剪出一个1~2毫米的小口，将熔化的巧克力液挤在饼干的表面作为装饰。

「杏仁巧克力饼干」

烘焙时间： 13～15 分钟

原料 Material

黑巧克力---110 克
无盐黄油---- 25 克
黄砂糖------- 50 克
盐--------------- 1 克
全蛋液------- 50 克
低筋面粉---- 40 克
泡打粉--------- 1 克
入炉巧克力-- 适量
杏仁----------- 适量

做法 Make

1.将黑巧克力与室温软化的无盐黄油混合，隔水加热，搅拌均匀，再加入黄砂糖，用手动打蛋器搅拌均匀。
2.倒入全蛋液，搅拌均匀，加入盐和泡打粉，继续搅拌均匀。
3.筛入低筋面粉，搅拌均匀至无干粉，揉成光滑的面团。
4.将面团分成每个 25 克的饼干坯，揉圆。
5.将饼干坯稍稍压扁，用入炉巧克力和杏仁在饼干坯表面装饰。
6.将饼干坯放在烤盘上。
7.烤箱预热 180℃，将烤盘置于烤箱的中层，烘烤 13~15 分钟即可。

「肉桂饼干」

烘焙时间：12 分钟

原料 Material

低筋面粉---150 克
无盐黄油---- 50 克
大豆油---- 25 毫升
蜂蜜---------- 15 克
肉桂粉---------5 克
苏打粉---------1 克
泡打粉---------2 克
全蛋液------- 25 克
细砂糖------- 65 克

做法 Make

1.无盐黄油放入搅打盆中，倒入大豆油，用手动打蛋器搅拌均匀。

2.倒入蜂蜜，搅拌均匀，再加入泡打粉、苏打粉、肉桂粉，搅拌均匀。

3.倒入全蛋液，搅拌均匀。

4.筛入低筋面粉，用橡皮刮刀搅拌至无干粉，用手轻轻揉成光滑的面团（注意揉的时候不要过度，面团容易出油）。

5.将面团分成每个 15 克的饼干坯，揉圆后放入冰箱冷藏约 15 分钟。

6.取出面团置于烤盘上，用手按扁。

7.每个面团裹上一层细砂糖，烤箱预热 180℃，将烤盘置于烤箱的中层，烘烤 12 分钟即可。

看视频学西点

「巧克力雪球饼干」

烘焙时间：15 分钟

原料 Material

无盐黄油---- 80 克
糖粉---------- 60 克
盐--------------- 1 克
低筋面粉---120 克
杏仁粉------- 30 克
可可粉------- 15 克

做法 Make

1.无盐黄油放入搅打盆中，用电动打蛋器搅打至蓬松发白。

2.放入糖粉 40 克和盐，搅打均匀。

3.筛入低筋面粉、杏仁粉和可可粉，用橡皮刮刀搅拌至无干粉，揉成光滑的面团。

4.将面团稍稍压扁，用保鲜膜包好，放入冰箱冷藏约 1 小时。

5.取出后将面团分成每个 20 克的饼干坯，揉圆，放在烤盘上。

6.烤箱以上、下火 170℃预热，将烤盘置于烤箱的中层，烘烤 15 分钟。

7.取出后，准备一个塑料袋，将巧克力雪球饼干放进去。

8.加入剩余的糖粉，然后拧紧袋口，轻轻晃动，使糖粉均匀地分布在巧克力雪球饼干的表面即可。

「芝士番茄饼干」

烘焙时间：17 分钟

原料 Material

奶油芝士---- 30 克
糖粉---------- 90 克
无盐黄油---- 30 克
全蛋液------- 35 克
芝士粉------- 45 克
番茄酱------- 60 克
低筋面粉---100 克
黑胡椒粒------ 1 克
比萨草--------- 2 克

做法 Make

1. 将室温软化的奶油芝士和 35 克的糖粉用橡皮刮刀搅拌均匀。

2. 加入无盐黄油和 30 克糖粉搅拌均匀。

3. 倒入全蛋液搅拌均匀。

4. 倒入芝士粉、番茄酱搅拌均匀。

5. 筛入低筋面粉用橡皮刮刀继续搅拌至无干粉的状态。

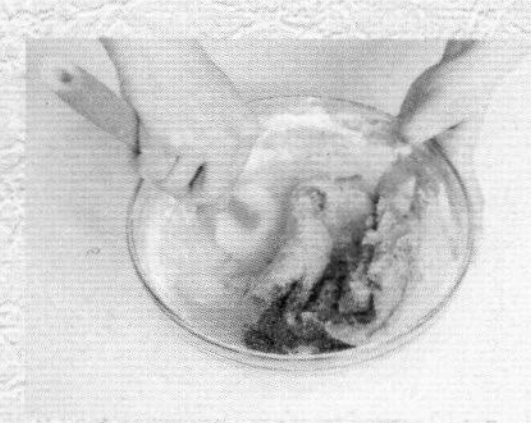

6. 倒入黑胡椒粒和比萨草用橡皮刮刀继续搅拌，直至成光滑的面糊。

7. 将面糊装入装有圆齿花嘴的裱花袋中，挤在烤盘上。

8. 在饼干坯上撒上剩余的糖粉，放进预热至 160℃的烤箱中层烘烤约 17 分钟即可。

「花样果酱饼干」

烘焙时间：15 分钟

原料 Material

无盐黄油---- 70 克
花生酱------- 30 克
糖粉---------100 克
盐---------------1 克
蛋黄---------- 40 克
低筋面粉---120 克
杏仁粉------- 50 克
蛋白---------- 30 克
核桃碎------- 40 克
草莓果酱----- 适量

做法 Make

1.将无盐黄油和花生酱加入搅打盆中，搅打均匀后，加入糖粉和盐，搅打均匀。

2.倒入蛋黄，搅打均匀。

3.依次加入低筋面粉和杏仁粉，用橡皮刮刀搅拌至无干粉状，揉成光滑的面团。

4.将面团包好保鲜膜，放入冰箱，冷藏约 1 小时。

5.取出后将面团分成每个 15 克的饼干坯，揉圆备用。

6.将饼干坯蘸上蛋白、裹上核桃碎，压扁放入烤盘。

7.烤箱以上、下火 180℃预热，将烤盘置于烤箱中层，烘烤 15 分钟。

8.草莓果酱装入裱花袋，剪一个约 2 毫米的开口，然后将草莓果酱挤在烤好的饼干上作为装饰即可。

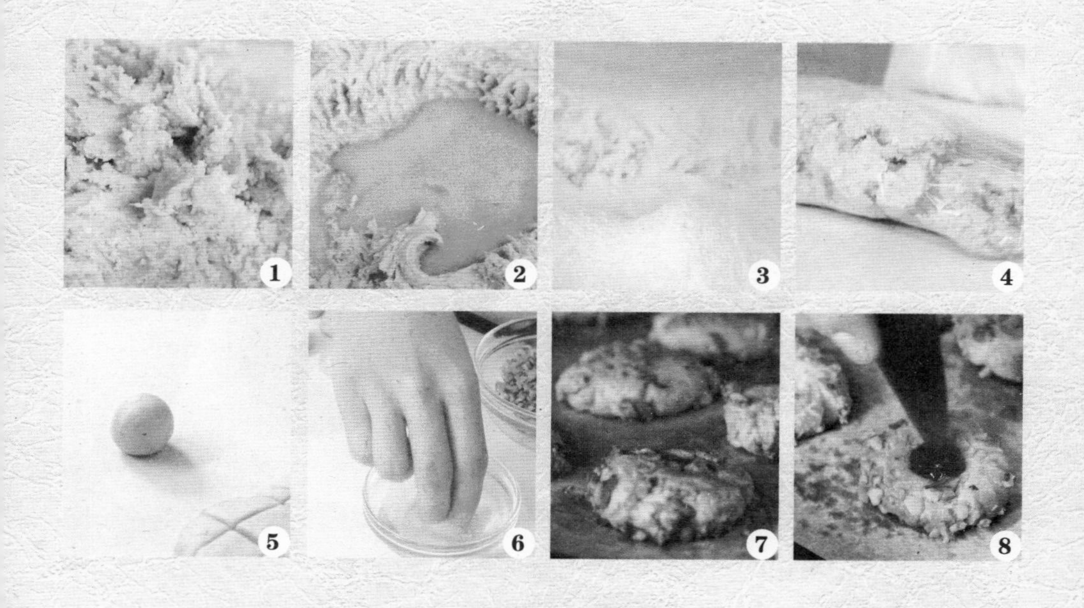

「花样坚果饼干」

烘焙时间：15 分钟

原料 Material

无盐黄油---- 70 克
花生酱------- 30 克
糖粉---------100 克
盐---------------1 克
蛋黄---------- 40 克
低筋面粉---120 克
杏仁粉------- 50 克
可可粉------- 10 克
牛奶------- 15 毫升
蛋白---------- 30 克
核桃碎------- 40 克
杏仁----------- 适量
草莓果酱----- 适量

做法 Make

1.将无盐黄油和花生酱放入搅打盆中，搅打均匀。
2.加入糖粉和盐，搅拌均匀。
3.倒入蛋黄、牛奶，每倒入一样都需要搅拌均匀。
4.依次加入低筋面粉、杏仁粉、可可粉，用橡皮刮刀搅拌至无干粉，用手轻轻揉成光滑的面团（注意揉的时候不要过度，面团容易出油）。
5.将面团包上一层保鲜膜，放入冰箱冷藏 1 小时。
6.取出后将面团分成每个 15 克的饼干坯，揉圆备用。
7.将面团放入烤盘压扁，取杏仁放在表面，或者蘸上蛋白、裹上核桃碎作装饰。
8.烤箱以上、下火 180℃预热，将烤盘置于烤箱中层，烘烤 15 分钟，取出后可以在裹上核桃碎的饼干中心装饰草莓果酱。

「芝士脆饼」

烘焙时间：15 分钟

看视频学西点

原料 Material

无盐黄油---100 克
细砂糖------- 60 克
蛋黄---------- 20 克
低筋面粉---160 克
芝士粉------- 20 克
盐--------------1 克

做法 Make

1.将无盐黄油放入搅打盆中，搅拌均匀。

2.加入细砂糖，搅拌均匀，再倒入蛋黄，搅拌均匀。

3.加入盐、芝士粉，再筛入低筋面粉。

4.搅拌均匀至无干粉，用手轻轻揉成光滑的面团（注意揉的时候不要过度，面团容易出油）。

5.将面团用擀面杖擀成厚度约 4 毫米的面片。

6.先将面片切成三角形，再用圆形模具抠出圆形，做出奶酪造型的饼干坯，再摆入烤盘。

7.烤箱预热 180℃，将烤盘置于烤箱的中层，烘烤 15 分钟即可。

「海苔脆饼」

烘焙时间： 10 ～ 12 分钟

看视频学西点

原料 Material

中筋面粉---100 克
细砂糖---------5 克
海盐------------1 克
泡打粉---------2 克
牛奶------- 20 毫升
菜油------- 10 毫升
全蛋液------- 20 克
海苔碎-------- 适量

做法 Make

1.在搅打盆内加入过筛的中筋面粉，加入细砂糖、海盐及泡打粉，用手动打蛋器搅拌均匀。

2.在面粉盆中倒入全蛋液、菜油、牛奶，用橡皮刮刀搅拌均匀。

3.放入海苔碎，用手抓匀，并揉成光滑的饼干面团。

4.用擀面杖将面团擀成厚度约 3 毫米的面片。

5.拿出刮板，将面片切成长方形的饼干坯，移到铺了油纸的烤盘上。

6.准备一个叉子，戳上若干透气孔，防止在烘烤的过程中饼干断裂。

7.烤箱预热 180℃，将烤盘置于烤箱的中层，烘烤 10~12 分钟即可。

「白巧克力双层饼干」

烘焙时间：16 分钟

原料 Material

无盐黄油---- 75 克
细砂糖------- 40 克
白巧克力---- 85 克
淡奶油---- 20 毫升
低筋面粉---140 克

做法 Make

1. 将无盐黄油和细砂糖先用橡皮刮刀搅拌均匀，再用电动打蛋器搅打至蓬松发白状。

2. 将25克白巧克力隔水加热熔化成液体状态，加入装有无盐黄油的碗中。

3. 分次倒入淡奶油，搅打均匀。

4. 筛入低筋面粉，用橡皮刮刀翻拌均匀，揉成光滑的面团。

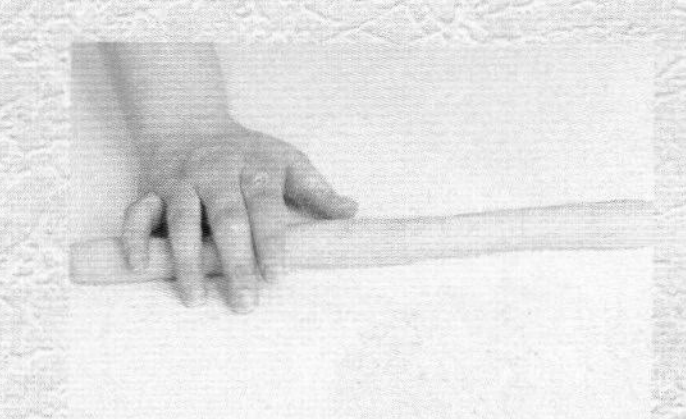

5. 将面团揉成圆柱状，用油纸包好，放入冰箱冷冻30分钟。

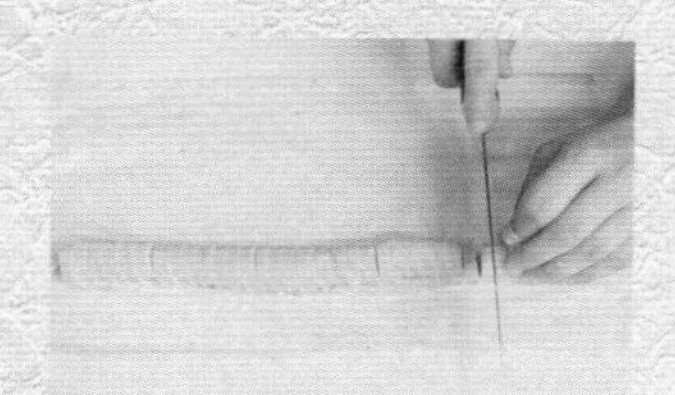

6. 取出后用刀切成厚度为4毫米的饼干坯，整齐陈列在烤盘上。

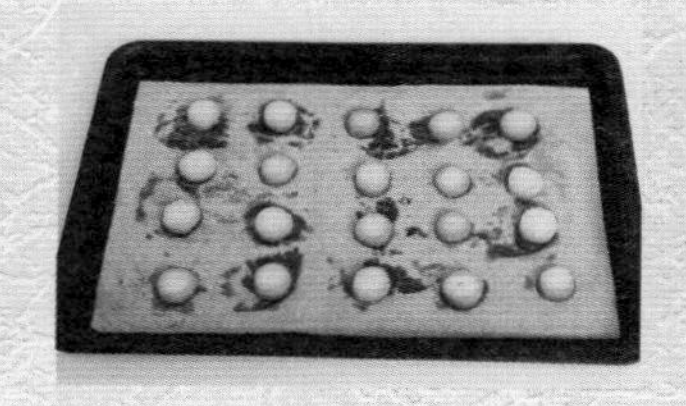

7. 将烤盘放入预热至150℃的烤箱中层，烘烤约16分钟。

8. 在玛芬模具中挤入剩余隔水加热熔化的白巧克力液，再把冷却后的饼干放进模具中，放入冰箱冷藏至白巧克力液凝固后取出。

「伯爵芝麻黑糖饼干」

烘焙时间： 18～20 分钟

原料 Material

有盐黄油---- 88 克
糖粉---------- 40 克
蛋白---------- 15 克
低筋面粉---105 克
伯爵茶粉------2 克
细砂糖------- 41 克
麦芽糖------- 20 克
蜂蜜------------7 克
淡奶油------7 毫升
黑芝麻------- 30 克

做法 Make

1.将有盐黄油 75 克和糖粉倒入搅打盆中搅拌均匀，然后用电动打蛋器打至蓬松发白状。

2.倒入蛋白搅打均匀。

3.倒入伯爵茶粉。

4.筛入低筋面粉翻拌均匀，揉成面团，放入冰箱冷藏 30 分钟后取出。

5.用擀面杖将面团擀成约 4 毫米厚的饼干面皮。

6.用六角星饼干模具在面皮上裁切出六角星形状的饼干坯，再用圆形模具在中间裁切出一个圆形并抠掉。

7.将细砂糖、麦芽糖、蜂蜜、剩余有盐黄油、淡奶油倒入锅里加热至细砂糖化开，倒入炒过的黑芝麻搅拌均匀即成焦糖芝麻馅。

8.将饼干坯放置在烤盘上，把焦糖芝麻馅填入饼干坯中，烤盘放入预热至 150℃的烤箱中层，烘烤 18~20 分钟即可食用。

「林兹挞饼干」

烘焙时间：30 分钟

原料 Material

无盐黄油---- 86 克
糖粉---------- 65 克
全蛋液------- 11 克
低筋面粉---- 90 克
杏仁粉------- 64 克
草莓果酱---100 克

做法 Make

1.将无盐黄油和糖粉搅拌均匀，用电动打蛋器稍微打发。

2.倒入全蛋液，搅打均匀。

3.筛入低筋面粉、杏仁粉，用橡皮刮刀翻拌均匀，成光滑的面糊。

4.取正方形的烤模，将 200 克面糊放入烤模中。

5.将草莓果酱装入裱花袋中，剪一个小口挤在面糊的表层，然后用橡皮刮刀抹平。

6.将剩余的面糊装入裱花袋中，在草莓果酱层上挤出网状面糊。

7.烤模置于烤盘上，放入预热至 180℃的烤箱中，烘烤约 30 分钟。

8.取出将林兹挞饼干凉凉，脱模切块即可食用。

「巧克力曲奇」

烘焙时间： 10 ～ 13 分钟

原料 Material

无盐黄油---- 50 克
细砂糖------100 克
全蛋液------- 25 克
低筋面粉---150 克
可可粉---------5 克

做法 Make

1. 无盐黄油室温软化，放入干净的搅打盆中。

2. 加入备好的细砂糖，搅拌均匀。

3. 倒入全蛋液，搅拌均匀，至全蛋液与无盐黄油完全融合。

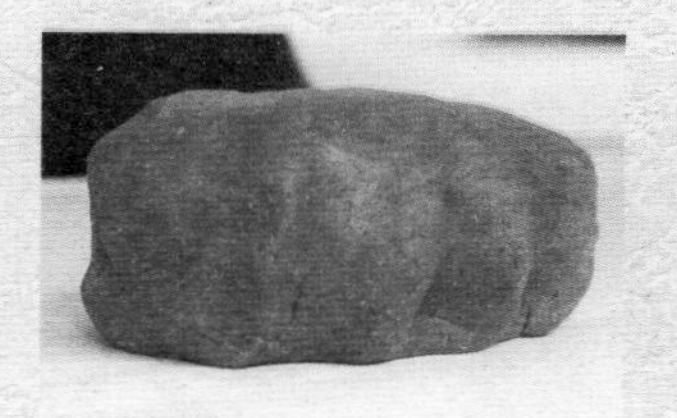

4. 筛入低筋面粉、可可粉，用橡皮刮刀搅拌均匀，用手轻轻揉成光滑的面团（注意揉的时候不要过度，面团容易出油）。

5. 将面团揉搓成圆柱体，放入冰箱冷冻约 30 分钟，方便切片操作。

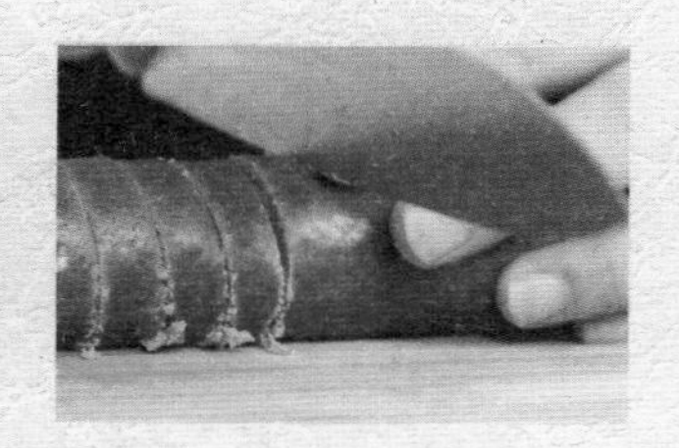

6. 取出，将面团切成厚度约 4 毫米的饼干坯，放在烤盘上。

7. 烤箱预热 180℃，将烤盘置于烤箱的中层，烘烤 10~13 分钟。

8. 取出后凉凉即可食用。

「巧克力椰子曲奇」

烘焙时间：15 分钟

原料 Material

无盐黄油---- 50 克
糖粉---------- 50 克
盐---------------2 克
全蛋液------- 20 克
低筋面粉---170 克
可可粉------- 10 克
椰蓉---------- 20 克

做法 Make

1.将室温软化的无盐黄油和糖粉放入搅打盆中，搅拌均匀。

2.加入盐，倒入 10 克全蛋液继续搅拌，至蛋液和盐与无盐黄油完全融合。

3.筛入可可粉和低筋面粉，用橡皮刮刀搅拌至无干粉，用手轻轻揉成光滑的面团（注意揉的时候不要过度，面团容易出油）。

4.将面团揉搓成圆柱体，在表面刷适量全蛋液，然后滚上一层椰蓉。用油纸将面团包好，放入冰箱冷冻约 30 分钟。

5.取出面团，用刀切成厚度约 5 毫米的饼干坯。

6.将饼干坯放在烤盘上。

7.烤箱预热 175℃，将烤盘置于烤箱中层，烘烤 15 分钟。

8.取出烤好的饼干即可。

「燕麦香蕉曲奇」

烘焙时间：15 分钟

原料 Material

无盐黄油---- 75 克
细砂糖------100 克
盐---------------2 克
全蛋液------- 25 克
低筋面粉---- 50 克
泡打粉---------2 克
香蕉---------- 50 克
燕麦片------100 克
核桃碎------- 50 克
可可粉------- 10 克

做法 Make

1.将香蕉放在搅打盆中，用擀面杖碾成泥。

2.加入无盐黄油，搅拌均匀，再加入细砂糖，搅拌均匀。

3.倒入全蛋液，搅拌均匀，至全蛋液与无盐黄油完全融合，再加入燕麦片和核桃碎，搅拌均匀，加入盐、泡打粉和可可粉，继续搅拌均匀。

4.筛入低筋面粉，用橡皮刮刀搅拌均匀，用手轻轻揉成光滑的面团（注意揉的时候不要过度，面团容易出油）。

5.将面团揉搓成圆柱体，包上油纸，放入冰箱冷冻 30 分钟。

6.取出面团，切成厚度约 4 毫米的饼干坯，放在烤盘上。

7.烤箱预热 180℃，将烤盘置于烤箱的中层，烘烤 15 分钟即可。

「夏威夷抹茶曲奇」

烘焙时间： 13～15 分钟

看视频学西点

原料 Material

低筋面粉---110 克
细砂糖------- 40 克
盐------------ 0.5 克
泡打粉---------1 克
全蛋液------- 25 克
无盐黄油---- 60 克
夏威夷果---- 50 克
抹茶粉---------4 克

做法 Make

1.将夏威夷果切碎备用。

2.将无盐黄油室温软化，放入干净的搅打盆中，加入细砂糖，搅拌均匀。

3.倒入全蛋液，搅拌均匀，至全蛋液与无盐黄油完全融合。

4.加入切好的夏威夷果碎，搅拌均匀，再加入盐和泡打粉，搅拌均匀。

5.筛入低筋面粉和抹茶粉，搅拌至无干粉，用手轻轻揉成光滑的面团（注意揉的时候不要过度，面团容易出油）。

6.将面团揉搓成圆柱体，用油纸包好，放入冰箱冷冻约 30 分钟。

7.取出面团，切成厚度约 4 毫米的饼干坯，放在烤盘上。烤箱预热 180℃，将烤盘置于烤箱的中层，烘烤 13~15 分钟。

「南瓜曲奇」

烘焙时间：15 分钟

看视频学西点

原料 Material

无盐黄油---- 65 克
糖粉---------- 20 克
盐--------------- 1 克
蛋黄---------- 20 克
低筋面粉---170 克
熟南瓜------- 60 克
南瓜子------- 15 克

做法 Make

1.将室温软化的无盐黄油和糖粉放入搅打盆中，用橡皮刮刀搅拌均匀。

2.加入盐，倒入蛋黄继续搅拌，至材料与无盐黄油完全融合。

3.加入熟南瓜，用电动打蛋器搅打均匀。

4.筛入低筋面粉，用橡皮刮刀搅拌至无干粉，用手轻轻揉成光滑的面团（注意揉的时候不要过度，面团容易出油）。

5.将面团揉搓成圆柱体，再用油纸包好，放入冰箱，冷冻约 30 分钟。

6.取出面团，用刀切成厚度约 5 毫米的饼干坯，放在烤盘上。

7.将南瓜子撒在每个饼干坯的表面上，放进预热 175℃的烤箱中层，烘烤 15 分钟即可。

「双色芝麻曲奇」

烘焙时间：16 分钟

原料 Material

低筋面粉---200 克
盐----------------1 克
细砂糖------- 20 克
无盐黄油---150 克
冰水------- 75 毫升
黑芝麻------- 15 克
白芝麻------- 15 克

做法 Make

1.将室温软化的无盐黄油放入搅打盆中。

2.加入细砂糖，用手动打蛋器搅拌均匀，加入盐，筛入低筋面粉，再加入黑芝麻、白芝麻，搅拌均匀。

3.倒入冰水，搅拌均匀至无干粉。

4.用手轻轻揉成光滑的面团（注意揉的时候不要过度，面团容易出油）。

5.用擀面杖将面团擀成厚度约 3 毫米的面片。

6.将擀好的面片用刀切成长方形饼干坯，再放入烤盘。

7.烤箱以上、下火 180℃预热，将烤盘置于烤箱中层，烘烤 16 分钟即可。

「紫薯蜗牛曲奇」

烘焙时间： 12 分钟

原料 Material

无盐黄油---- 65 克
糖粉---------- 70 克
盐------------ 0.5 克
淡奶油---- 20 毫升
紫薯---------- 40 克
杏仁粉------- 15 克
低筋面粉---- 60 克

做法 Make

1.将温室软化的 50 克无盐黄油加入 45 克糖粉充分搅拌后加入盐。

2.加入 10 毫升淡奶油搅拌均匀。

3.加入碾成泥的紫薯搅拌均匀。

4.筛入 10 克杏仁粉和 40 克低筋面粉用橡皮刮刀翻拌至无干粉的状态，揉成光滑的紫薯面团。

5.将剩余温室软化的无盐黄油加糖粉、淡奶油、杏仁粉、低筋面粉揉成原味面团。

6.在面团底部铺保鲜膜，用擀面杖将两种面团擀成厚度为 3 毫米的饼干面皮，并将两种面皮叠加。

7.将面皮卷成圆筒状，用油纸包好，放进冰箱冷冻 1 小时左右。

8.取出将面团切成厚度为 3 毫米的饼干坯，放置在烤盘上。烤盘放进预热至 180℃的烤箱中层烘烤 12 分钟即可。

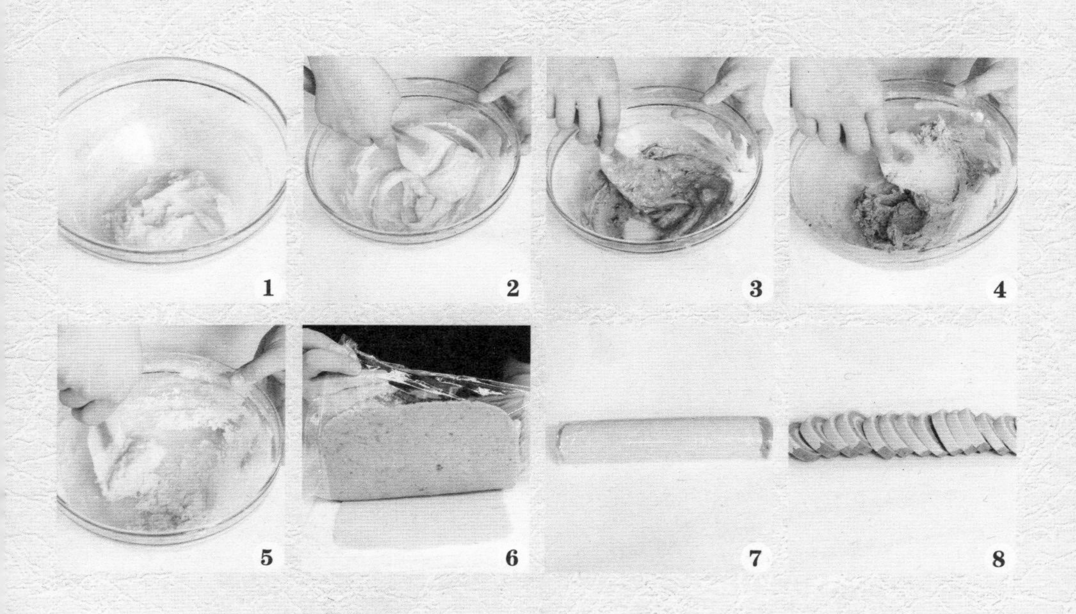

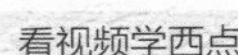
看视频学西点

「黑松露脆饼」

烘焙时间：12 分钟

原料 Material

中筋面粉---100 克
细砂糖---------5 克
盐---------------2 克
泡打粉---------2 克
牛奶------- 20 毫升
全蛋液------- 25 克
黑松露酱----- 适量
比萨草-------- 适量
菜籽油---- 10 毫升

做法 Make

1.中筋面粉过筛，加入细砂糖、盐、泡打粉，搅拌均匀。
2.倒入牛奶和菜籽油，然后搅拌均匀。
3.倒入全蛋液，搅拌均匀，揉成光滑的面团。
4.加入黑松露酱和比萨草，揉均匀。
5.用擀面杖将面团擀成厚度约 3 毫米的面片。
6.将面片切成正方形的饼干坯。
7.准备一个小叉子，在饼干坯上戳若干个透气孔。
8.烤箱以上、下火 170℃预热，将烤盘置于烤箱的中层，烘烤 12 分钟即可。

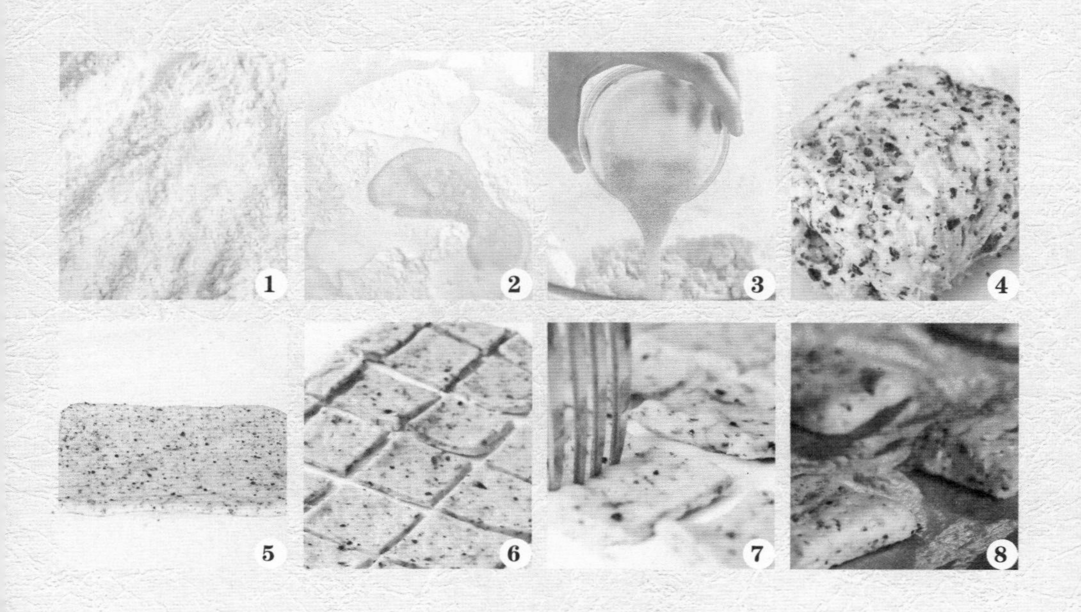

「彩糖咖啡杏仁曲奇」

烘焙时间：17 分钟

原料 Material

无盐黄油---- 80 克
糖粉---------- 52 克
速溶咖啡粉--- 5 克
淡奶油---- 25 毫升
低筋面粉---130 克
杏仁片------- 40 克
彩色糖粒----- 适量

做法 Make

1.将无盐黄油加糖粉搅拌均匀。
2.将速溶咖啡粉加入到淡奶油中，搅拌至完全融合。
3.将搅拌好的咖啡奶油过筛加入到装有无盐黄油的碗中。
4.筛入低筋面粉，用橡皮刮刀翻拌均匀。
5.加入杏仁片，揉成光滑的面团，将面团包好保鲜膜。
6.放入长方形饼干模具中，放入冰箱冷冻 15 分钟，方便切片操作。
7.取出饼干面团，将其切成厚度为 4 毫米的饼干坯，整齐排列在烤盘上，在每个饼干坯表面撒上彩色糖粒装饰。
8.烤箱预热至 150℃，完毕后将烤盘置于烤箱的中层，烘烤 17 分钟即可。

「蔓越莓曲奇」

烘焙时间：15 分钟

原料 Material

无盐黄油---125 克
糖粉---------- 60 克
盐----------------1 克
蛋黄---------- 20 克
低筋面粉---170 克
蔓越莓干---- 25 克

做法 Make

1.将室温软化的无盐黄油和糖粉放入搅打盆中，用橡皮刮刀搅拌均匀。

2.倒入蛋黄（打散）继续搅拌，至蛋黄与无盐黄油完全融合。

3.加入盐、蔓越莓干，搅拌均匀。

4.筛入低筋面粉，用橡皮刮刀搅拌均匀，用手轻轻揉成光滑的面团（注意揉的时候不要过度，面团容易出油）。

5.将面团揉搓成圆柱体，用油纸包好，放入冰箱冷冻约 30 分钟。

6.取出面团，用刀将其切成厚度约为 5 毫米的饼干坯，放在烤盘上。

7.烤箱 175℃预热，将烤盘置于烤箱中层，烘烤 15 分钟即可。

「芝士奶酥」

烘焙时间： 15 分钟

看视频学西点

原料 Material

无盐黄油---- 80 克
糖粉---------- 80 克
盐---------------1 克
全蛋液------- 25 克
低筋面粉---150 克
香草精---------3 克
奶油奶酪---- 80 克

做法 Make

1.将奶油奶酪和无盐黄油放入搅打盆中搅拌均匀。

2.加入糖粉，搅拌均匀。

3.倒入全蛋液，搅拌均匀。

4.加入盐，倒入香草精，以去除全蛋液中的腥味。

5.筛入低筋面粉，用橡皮刮刀搅拌成光滑细腻的面糊，装入有圆齿形裱花嘴的裱花袋中。

6.在烤盘上挤出花形，可以根据喜好，挤任意花形，注意每个饼干坯的大小不要有太大的差距，以免烘烤中饼干坯受热不均匀。

7.烤箱预热 180℃，将烤盘置于烤箱的中层，烘烤 15 分钟即可。

看视频学西点

「咖啡坚果奶酥」

烘焙时间：13 分钟

原料 Material

糖粉---------- 60 克
无盐黄油---- 80 克
牛奶------- 20 毫升
低筋面粉---120 克
速溶咖啡粉--- 8 克
黑巧克力---- 40 克
杏仁----------- 适量

做法 Make

1.将无盐黄油和糖粉用橡皮刮刀或手动打蛋器搅拌均匀。
2.将速溶咖啡粉加入牛奶中，充分搅拌至完全溶解。
3.将咖啡牛奶倒入装有无盐黄油的搅打盆中，搅拌均匀。
4.筛入低筋面粉，搅拌至无干粉，用手轻轻揉成光滑的面团（注意揉的时候不要过度，面团容易出油）。
5.将面团分成每个 20 克的饼干坯，揉圆后搓成约 7 厘米的长条，摆放在烤盘上。
6.烤箱预热180℃，将烤盘置于烤箱的中层，烘烤13分钟。
7.将杏仁切碎、黑巧克力隔温水熔化，取出烤好的饼干，先蘸上巧克力溶液。
8.然后在饼干表面粘上些许杏仁碎即可。

看视频学西点

「香草奶酥」

烘焙时间：18 分钟

原料 Material

无盐黄油---- 90 克
糖粉---------- 50 克
盐---------------1 克
鸡蛋---------- 50 克
低筋面粉---100 克
杏仁粉------- 50 克
香草精---------2 克

做法 Make

1.将无盐黄油放在搅打盆中，用橡皮刮刀压软。
2.倒入鸡蛋，用手动打蛋器搅拌均匀。
3.加入糖粉，搅拌均匀。
4.倒入香草精，搅拌均匀。
5.加入盐，搅拌均匀。
6.加杏仁粉搅拌均匀，并筛入低筋面粉，用橡皮刮刀搅拌至无干粉，制成细腻的饼干面糊。
7.将面糊装入已经装有圆齿形裱花嘴的裱花袋中，在烤盘上挤出爱心的形状。
8.烤箱以上火 170℃、下火 160℃预热，将烤盘置于烤箱的中层，烘烤 18 分钟即可。

「红茶奶酥」

烘焙时间：18 分钟

原料 Material

无盐黄油---135 克
糖粉---------- 50 克
盐---------------1 克
鸡蛋------------1 个
低筋面粉---100 克
杏仁粉------- 50 克
红茶粉---------2 克

做法 Make

1.室温软化的无盐黄油中加入糖粉，用橡皮刮刀搅拌均匀。
2.倒入鸡蛋，用手动打蛋器搅拌均匀。
3.加入杏仁粉，搅拌均匀。
4.加入盐、红茶粉，搅拌均匀。
5.筛入低筋面粉，搅拌至面糊光滑无颗粒。
6.裱花袋装上圆齿形裱花嘴，再将面糊装入裱花袋中。
7.在烤盘上挤出齿花水滴形状的曲奇。
8.烤箱以上火 170℃、下火 160℃预热，将烤盘置于烤箱中层，烘烤 18 分钟即可。

Chapter 3

不得不爱的松软面包

面包品种繁多，各具风味。本章选取的经典款面包，让你在动手的同时看着面团在你精心呵护之下，一步一步变成你想要的样子，这种感觉，妙不可言，唯有亲自动手方能享受其中的乐趣。

看视频学西点

「花生卷包」

烘焙时间：25 分钟

原料 Material

高筋面粉---165 克
奶粉------------8 克
细砂糖------- 68 克
酵母粉---------3 克
鸡蛋---------- 28 克
牛奶------- 40 毫升
水---------- 28 毫升
无盐黄油---- 35 克
盐---------------2 克
花生酱------- 90 克
全蛋液-------- 适量
花生碎-------- 适量

做法 Make

1.高筋面粉、奶粉、40 克细砂糖、酵母粉放入搅打盆中搅匀，再倒入牛奶、鸡蛋和水，拌匀并揉成不粘手的面团。

2.加入无盐黄油 20 克和盐，通过揉和甩打混合均匀。

3.将面团揉圆放入盆中，包上保鲜膜发酵约 15 分钟。

4.把花生酱、剩余细砂糖、无盐黄油 15 克、全蛋液、花生碎混合均匀，成花生酱混合物备用。

5.取出发酵好的面团，分成 10 等份，并揉圆，表面喷少许水，松弛 10~15 分钟。

6.分别把小面团擀成长圆形，表面刷上一层花生酱混合物，卷起成柱状，两端捏紧，然后从中间切开分成两半。

7.取出方形模具，均匀地把面团放置在模具中，最后发酵 60 分钟（在发酵的过程中注意给面团保湿，每过一段时间可以喷少许水）。

8.待发酵完后，在面团表面刷上少许全蛋液，撒上花生碎，放在烤盘上。烤箱以上火 180℃、下火 185℃预热后，将烤盘置于烤箱中层，烤约 25 分钟至面包表面金黄色，冷却脱模即可。

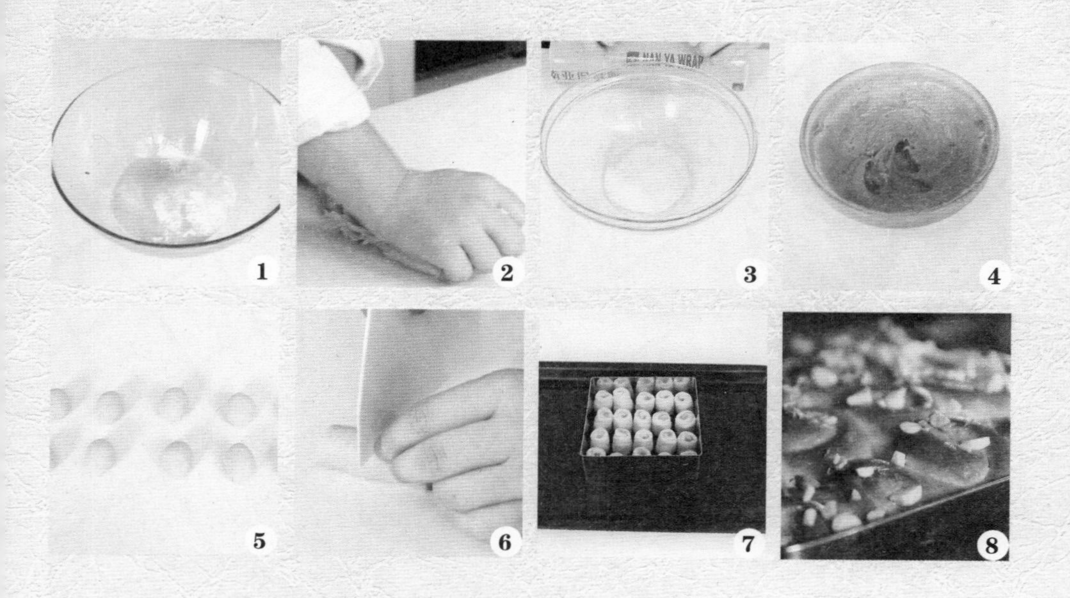

看视频学西点

「莲蓉莎翁」

制作时间：70 分钟

原料 Material

高筋面粉---165 克
细砂糖------- 40 克
奶粉------------8 克
酵母粉---------3 克
鸡蛋---------- 28 克
牛奶------- 40 毫升
水---------- 28 毫升
无盐黄油---- 20 克
盐---------------2 克
莲蓉---------120 克
细砂糖-------- 适量
食用油-------- 适量

做法 Make

1.将高筋面粉、40 克细砂糖、奶粉、酵母粉放入搅打盆中，搅匀。

2.倒入牛奶、鸡蛋和水，拌匀并揉成不粘手的面团。

3.加入无盐黄油和盐，通过揉和甩打，将面团混合均匀。

4.将面团揉圆放入盆中，包上保鲜膜发酵约 13 分钟。

5.取出发酵好的面团，分割成 4 等份，并揉圆，在表面喷少许水，松弛 10~15 分钟。

6.分别把小面团稍擀平，每个包入 30 克的莲蓉，收口捏紧，揉圆。把面团均匀地放在烤盘上，最后发酵 40 分钟（在发酵的过程中注意给面团保湿，每过一段时间可以喷少许水）。

7.把食用油倒入锅中烧热，放入面团炸至表面呈金黄色。

8.将面团夹出，放在网架上，稍凉凉后，蘸上少许细砂糖即可食用。

「马卡龙面包」

烘焙时间： 15 分钟

原料 Material

高筋面粉---250 克
奶粉------------8 克
酵母粉---------4 克
盐---------------2 克
细砂糖------140 克
无盐黄油---- 25 克
蛋黄------------1 个
水---------140 毫升
蛋白---------- 30 克
杏仁粉------- 40 克
核桃碎------- 50 克
牛奶----------- 少许

做法 Make

1.在蛋白中加入 90 克的细砂糖，用电动打蛋器充分打发后，加入杏仁粉和核桃碎，搅匀成马卡龙淋酱。

2.把高筋面粉、奶粉、酵母粉、剩余细砂糖放入搅打盆中，搅匀后，加入蛋黄、牛奶、盐和水，拌匀并揉成团。

3.加入无盐黄油，继续揉至无盐黄油完全被吸收，放入盆中，盖上保鲜膜基本发酵 15 分钟。

4.取出面团，分成 4 等份，表面喷少许水，松弛 20~25 分钟后，分别擀成椭圆形，卷起成柱状，两端收口，搓成长条。

5.将长面团两端交叉呈“又”字形，再拧成“8”字形，收口处捏合，然后把面团放在烤盘上，最后发酵约 50 分钟。

6.待发酵完毕后，淋上马卡龙淋酱。烤箱以上、下火 180℃预热，将烤盘置于烤箱中层，烤 15 分钟，取出即可。

「牛奶乳酪花形面包」

烘焙时间： 18～20 分钟

看视频学西点

原料 Material

高筋面粉---245 克
低筋面粉---- 20 克
酵母粉---------3 克
细砂糖------- 35 克
芝士粉------- 10 克
牛奶------115 毫升
鸡蛋------------1 个
无盐黄油---- 30 克
盐---------------2 克
全蛋液-------- 适量

做法 Make

1.将高筋面粉、低筋面粉、细砂糖、酵母粉、芝士粉放入搅打盆中搅匀后，加入牛奶和鸡蛋，拌匀并揉成团。

2.加入无盐黄油和盐，慢慢揉均匀后，把面团放入盆中，盖上保鲜膜发酵 25 分钟。

3.取出发酵好的面团，分成 3 等份，揉圆，松弛约 15 分钟。

4.分别擀成长方形，然后在面皮的一边二分之一处均匀地切 7 刀，从未切开的部分向切开的部分卷起，成柱状。

5.将柱状面团两端相连，收口捏紧，成为花形，放在烤盘上最后发酵 60 分钟。

6.待发酵完后刷上少许全蛋液，烤箱以上火 175℃、下火 160℃预热，将烤盘置于烤箱中层，烤 18~20 分钟，至表面上色，取出即可。

「蜂蜜奶油甜面包」

烘焙时间： 11 分钟

原料 Material

高筋面粉---165 克
奶粉------------8 克
细砂糖------- 60 克
酵母粉---------3 克
鸡蛋---------- 28 克
牛奶------- 40 毫升
水---------- 28 毫升
无盐黄油---- 20 克
盐---------------2 克
无盐黄油丁- 50 克
蜂蜜----------- 适量
全蛋液-------- 适量

做法 Make

1.将高筋面粉、奶粉、40 克细砂糖、酵母粉放入搅打盆中搅匀，再倒入鸡蛋、牛奶和水，拌匀，并揉成不粘手的面团。
2.加入无盐黄油和盐，通过揉和甩打，将面团混合均匀，将面团揉圆放入盆中，包上保鲜膜发酵约 13 分钟。
3.取出发酵好的面团，分割成 3 等份，并揉圆，表面喷少许水，松弛 10~15 分钟。
4.分别用擀面杖擀成长圆形，由较长的一边开始卷起成圆筒状，稍压扁，放在烤盘上最后发酵 40 分钟（在发酵的过程中注意给面团保湿，每过一段时间可以喷少许水）。
5.在发酵好的面团表面刷上全蛋液和蜂蜜。
6.用剪刀在面团表面剪出闪电状的装饰。
7.在面团表面均匀地放上无盐黄油丁，撒上剩余细砂糖。
8.烤箱以上、下火 200℃预热，将烤盘置于烤箱中层，烤约 11 分钟，取出即可。

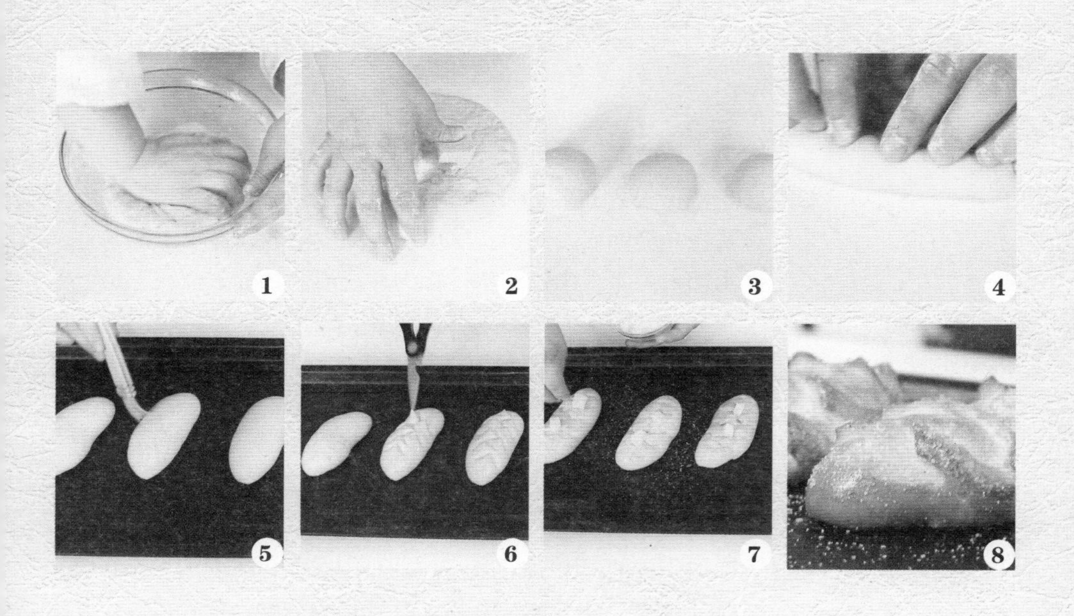

「椰丝奶油包」

烘焙时间：25 分钟

原料 Material

细砂糖------- 40 克
奶粉------------8 克
酵母粉---------3 克
鸡蛋---------- 28 克
牛奶------- 40 毫升
水---------- 28 毫升
高筋面粉---165 克
无盐黄油---120 克
盐---------------2 克
全蛋液-------- 适量
椰丝----------- 适量
糖浆---------- 18 克

做法 Make

1.将糖浆倒入 100 克无盐黄油中，快速打发至蓬松状。
2.裱花袋套上裱花嘴，把打发好的无盐黄油装入裱花袋中。
3.将高筋面粉、奶粉、酵母粉、细砂糖放入盆中，搅匀。
4.加入鸡蛋、牛奶和水，拌匀并揉成团。加入盐和 20 克无盐黄油，继续揉至吸收，放入盆中，盖上保鲜膜发酵 25 分钟。
5.将发酵好的面团分成 3 等份，揉圆，表面喷少许水，松弛 15 分钟，分别擀平成椭圆形，从一端卷起搓成橄榄形。
6.移至烤盘，盖上保鲜膜最后发酵约 50 分钟。烤箱预热至上、下火 180℃，烤盘放入烤箱中层，烤约 25 分钟至面包表面上色。
7.取出放凉，用刀把面包表面划开。在面包表面刷上全蛋液，撒上椰丝，中间的切面挤入裱花袋中的混合物即可。

「法国面包」

烘焙时间：20 分钟

看视频学西点

原料 Material

高筋面粉---260 克
低筋面粉---- 40 克
酵母粉---------2 克
水---------200 毫升
麦芽糖---------8 克
盐---------------5 克
植物油------5 毫升
橄榄油-------- 适量

做法 Make

1.把高筋面粉、低筋面粉、酵母粉放入搅打盆中，搅匀。

2.加入水、麦芽糖、盐和植物油，拌匀并揉成团。把面团取出，放在操作台上，揉 3~4 分钟成为一个略黏湿的面团。

3.把面团放入盆中，盖上保鲜膜基本发酵 20 分钟，取出面团，分割成两等份，分别揉圆，表面喷少许水，松弛 10~15 分钟，分别用擀面杖擀平成圆形。

4.将三分之二的面团底部用手捏成尖角的形状，与余下的面团底部朝上捏合成三角形面团。

5.面团均匀地放在烤盘上，最后发酵 60 分钟。待发酵完后，在面团表面刷上橄榄油。

6.烤箱以上火 220℃、下火 200℃预热，将烤盘置于烤箱中层，烤 20 分钟，取出即可。

看视频学西点

「巧克力星星面包」

烘焙时间： 18 ～ 20 分钟

原料 Material

高筋面粉--------270 克
低筋面粉--------- 30 克
酵母粉--------------3 克
细砂糖------------ 30 克
牛奶-----------200 毫升
盐--------------------2 克
无盐黄油--------- 30 克
榛果巧克力酱 ---100 克
全蛋液------------- 适量

做法 Make

1.将高筋面粉、低筋面粉、细砂糖、酵母粉放入搅打盆中，搅匀，再倒入牛奶，拌匀并揉成不粘手的面团。

2.加入无盐黄油和盐，通过揉和甩打，将面团混合均匀。

3.将面团揉圆放入盆中，包上保鲜膜发酵 30 分钟。

4.取出发酵好的面团，分割成 4 等份，并揉圆，表面喷少许水，松弛 20~25 分钟。

5.将小面团稍压扁后，用擀面杖擀成圆片状，把直径 20 厘米活底烤模模底放在上面，切出大小一致的圆面皮。

6.在一片圆面皮上面均匀地涂上榛果巧克力酱，覆盖上另一片圆面皮，再涂抹一层榛果巧克力酱，至完成三层夹馅，覆盖上最后一片圆面皮。

7.用刀在面团的边缘均匀地切开 8 等份，然后把切开的边缘按逆时针翻转。面团放入烤盘中最后发酵 55 分钟（在发酵的过程中注意给面团保湿，每过一段时间可以喷少许水），待发酵完后，表面刷上一层全蛋液。

8.烤箱以上火 175℃、下火 170℃预热，将烤盘置于烤箱中层，烤 18~20 分钟至面包表面金黄色即可。

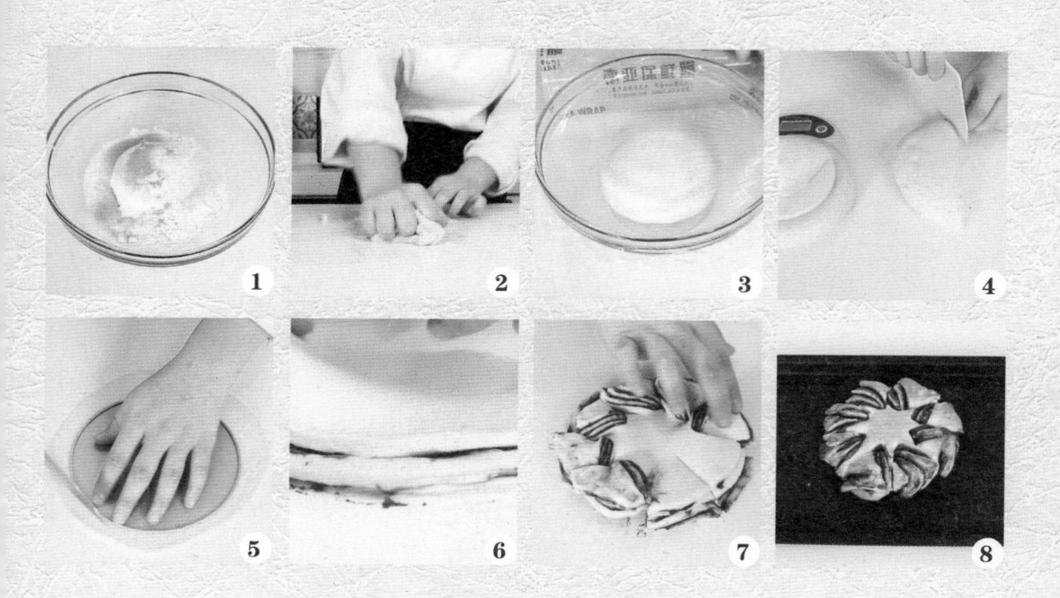

「葡萄干木柴面包」

烘焙时间： 55 分钟

原料 Material

高筋面粉---290 克
酵母粉---------2 克
盐---------------2 克
水---------- 75 毫升
低筋面粉---120 克
细砂糖------- 60 克
奶粉---------- 30 克
鸡蛋------------1 个
牛奶------- 80 毫升
无盐黄油---- 35 克
葡萄干------- 80 克

做法 Make

1.高筋面粉 110 克、酵母粉、1 克盐、75 毫升水拌匀并揉成团。取出面团，放在操作台上揉成一个光滑的面团。

2.面团放入盆中，在表面喷水，盖保鲜膜室温发酵 4 小时，再加入剩余的高筋面粉、低筋面粉、细砂糖、盐、奶粉、鸡蛋混合，倒入牛奶，揉成团。

3.加入无盐黄油，揉成团，放入盆中，盖上保鲜膜，基本发酵 15 分钟，取出，擀成方形，折 3 折，再次擀开成方形。

4.重复这个步骤至面皮表面光滑，最后将面皮擀开成 35 厘米 ×35 厘米的大小。在面皮上均匀地撒上葡萄干，卷起成柱状，两端收口捏紧，放在烤盘上，最后发酵 40 分钟。

5.将烤盘置于烤箱中层，烤约 55 分钟。凉凉后切成厚约 1.5 厘米的薄片，即可食用。

「果干麻花辫面包」

烘焙时间：15 分钟

看视频学西点

原料 Material

高筋面粉---200 克
低筋面粉---- 50 克
酵母粉---------4 克
细砂糖------- 50 克
鸡蛋------------1 个
牛奶------100 毫升
盐---------------2 克
无盐黄油---- 30 克
蔓越莓干---100 克
全蛋液-------- 适量
白巧克力液 50 毫升

做法 Make

1.高筋面粉加低筋面粉、细砂糖、酵母粉搅匀。

2.加入鸡蛋、牛奶、盐，拌匀并揉成团。把面团取出，放在操作台上，揉匀。

3.加入无盐黄油，继续揉至成为一个光滑的面团。

4.将面团压扁，加入蔓越莓干，用刮刀将面团重叠切拌均匀后，放入盆中，盖上保鲜膜，基本发酵 25 分钟 。

5.把发酵好的面团分成 9 等份，分别捏成柱状，表面喷少许水，松弛 10~15 分钟，然后搓成 15 厘米长的条。

6.像编辫子一样拧好后，均匀地放在烤盘上，发酵 60 分钟。

7.待发酵完后，在面团表面刷上全蛋液。

8.烤箱以上火 185℃、下火 180℃预热，将烤盘置于烤箱中层，烤 15 分钟取出，挤上白巧克力液即可。

「卡仕达柔软面包」

烘焙时间： 15 分钟

原料 Material

高筋面粉---250 克
盐---------------5 克
细砂糖------- 75 克
酵母粉---------3 克
原味酸奶- 25 毫升
牛奶------115 毫升
水---------150 毫升
无盐黄油---- 27 克
蛋黄---------- 50 克
低筋面粉---- 21 克
芝士片---------3 片

做法 Make

1.将高筋面粉、盐、15 克细砂糖、酵母粉混合匀。

2.倒入水、25 毫升牛奶、原味酸奶搅拌，至液体材料与粉类材料完全融合。

3.加入 15 克无盐黄油，再用手将材料揉成面团，揉约 15 分钟，至面团起筋后，将其放入搅打盆中，用保鲜膜封好，基本发酵 15 分钟。

4.将剩余牛奶、无盐黄油、35 克细砂糖混合加热，至 90°C关火，冷却备用。

5.将蛋黄倒入碗中，加入细砂糖 25 克、低筋面粉后搅匀。

6.分多次加入奶油混合液，再加入芝士片，一起倒入锅中，煮至黏稠状，待凉后装入裱花袋中。

7.取出面团分成四个等量的面团，并揉至光滑，用保鲜膜将面团包好放在一旁，表面喷少许水，松弛 15 分钟。

8.取出松弛好的面团，稍微擀平，挤入裱花袋中的内馅，再将面团整成光滑的圆面团，摆放在烤盘上，最后发酵 50 分钟。烤箱以 180°C预热，将烤盘置于烤箱的中层，烘烤约 15 分钟即可。

「巧克力核桃面包」

烘焙时间：25 分钟

原料 Material

高筋面粉---250 克
盐---------------5 克
酵母粉---------2 克
无盐黄油---- 15 克
水---------175 毫升
入炉巧克力- 50 克
核桃---------- 50 克

做法 Make

1.高筋面粉、盐、酵母粉放入搅打盆中，用手动打蛋器搅拌均匀。

2.倒入水，用橡皮刮刀搅拌均匀后，手揉面团 15 分钟，至面团起筋。

3.在面团中加入无盐黄油，用手揉至无盐黄油被完全吸收。

4.面团放入碗中盖上保鲜膜，待面团基本发酵 15 分钟。

5.取出面团，加入入炉巧克力和核桃，揉匀，表面喷少许水，松弛 20 分钟。

6.取出松弛好的面团，擀平，将其整成橄榄形，放在烤盘上最后发酵 30 分钟。

7.烤箱以上火 180℃、下火 180℃预热，烤盘至于烤箱中层，烘烤 25 分钟左右，至面包表面呈金黄色即可。

「蔓越莓芝士球」

烘焙时间：15 分钟

看视频学西点

原料 Material

高筋面粉---250 克
酵母粉---------2 克
麦芽糖---------2 克
水---------172 毫升
盐---------------5 克
无盐黄油------7 克
蔓越莓干---- 50 克
芝士丁------110 克

做法 Make

1.将高筋面粉（留少许备用）、酵母粉、麦芽糖、水放入搅打盆中，拌匀并揉成团。

2.加入无盐黄油和盐，通过揉和甩打，将面团混合均匀。

3.包入蔓越莓干，收口捏紧，用刮刀将面团切成 4 等份，叠加在一起，揉均匀。

4.把面团放入盆中，盖上保鲜膜，基本发酵 20 分钟，取出，分成 4 等份，揉圆，表面喷少许水，松弛 10~15 分钟。

5.分别把面团稍压扁，包入两块芝士丁，收口捏紧，均匀地放在烤盘上，最后发酵 55 分钟后，在面团表面撒上少许高筋面粉，用剪刀剪出“十”字。

6.烤箱以上火 240℃、下火 220℃预热，将烤盘置于烤箱中层，烤 15 分钟，取出即可。

「柠檬多拿滋」

制作时间：110 分钟

原料 Material

马铃薯泥---100 克
高筋面粉---270 克
低筋面粉---- 30 克
酵母粉---------2 克
细砂糖------- 60 克
盐---------------1 克
鸡蛋------------1 个
无盐黄油---- 30 克
牛奶------- 80 毫升
柠檬蛋黄酱-- 适量
食用油-------- 适量

做法 Make

1.将高筋面粉、低筋面粉、50 克细砂糖、酵母粉放入搅打盆中，搅匀，再倒入鸡蛋、牛奶和马铃薯泥，拌匀并揉成不粘手的面团。

2.加入无盐黄油和盐，通过揉和甩打，使材料被面团完全吸收。

3.将面团揉圆放入盆中，包上保鲜膜，发酵约 30 分钟。

4.将柠檬蛋黄酱装入裱花袋中，用剪刀在裱花袋尖角处剪一个 1 厘米的孔。

5.取出面团，分割成 6 等份，表面喷少许水，松弛 10~15 分钟。稍压扁，分别挤入少许柠檬蛋黄酱，收口捏紧，并揉圆。

6.把面团均匀地放在操作台上，静置发酵约 50 分钟（在发酵的过程中注意给面团保湿，每过一段时间可以喷少许水）。

7.锅中倒油，待油烧热后，将小面团放入锅内炸至金黄色，起锅。

8.在面包表面撒上一层细砂糖装饰，即可食用。

「胚芽脆肠面包」

烘焙时间：9 分钟

原料 Material

高筋面粉---250 克
细砂糖------- 15 克
酵母粉---------2 克
浓稠酸奶- 25 毫升
牛奶------- 25 毫升
水---------150 毫升
无盐黄油---- 15 克
盐---------------5 克
小麦胚芽---- 15 克
香肠----------- 适量
番茄酱-------- 适量
罗勒叶-------- 适量

做法 Make

1.将高筋面粉、细砂糖、酵母粉放入搅打盆中，加入浓稠酸奶、牛奶和水，拌匀并揉成团。

2.加入无盐黄油和盐，通过揉和甩打，将面团慢慢混合均匀，然后包入小麦胚芽，继续揉均匀。

3.把面团放入盆中，盖上保鲜膜，基本发酵 20 分钟。

4.取出发酵好的面团，分成 4 等份，并揉圆，喷少许水，松弛 10~15 分钟。

5.把松弛好的面团分别用擀面杖擀成长圆形，然后由较长的一边开始卷起成圆柱状，再搓成约 30 厘米的长条。

6.将其中一端搓尖，另一端往外推压变薄，将尖端放置于压薄处，捏紧收口，放在烤盘上最后发酵 45 分钟（在发酵的过程中注意给面团保湿，每过一段时间可以喷少许水）。

7.面团发酵好后，分别在中间放上香肠，表面挤上番茄酱。

8.烤箱以上火 220℃、下火 190℃预热，将烤盘置于烤箱中层，烤约 9 分钟，取出。在面包表面撒上罗勒叶即可。

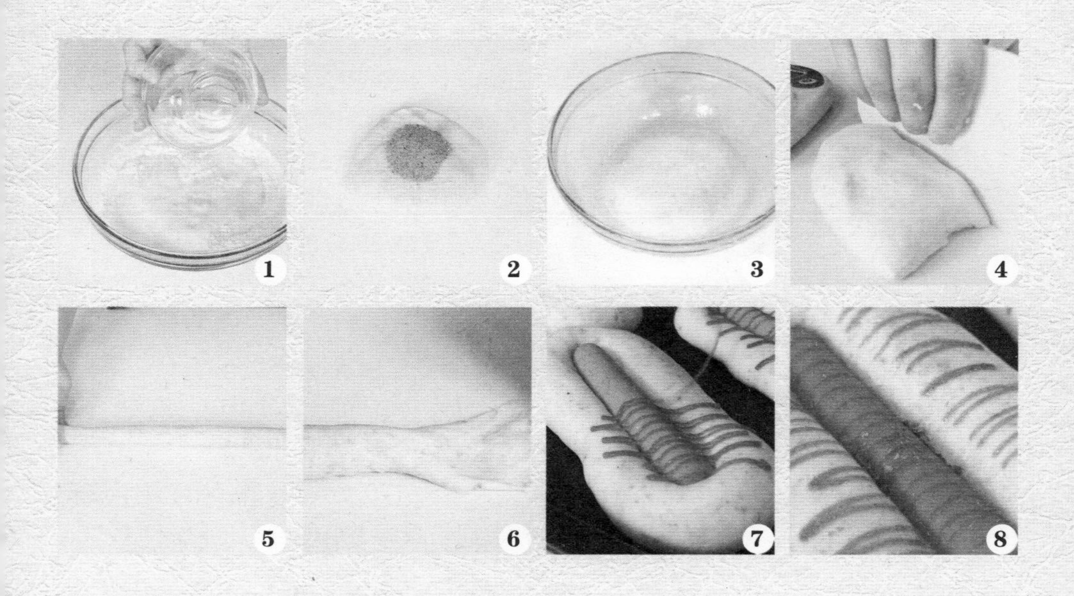

「紫菜肉松包」

烘焙时间：15 分钟

原料 Material

全蛋液------- 25 克
牛奶------- 58 毫升
奶粉------------6 克
酵母粉---------2 克
高筋面粉---165 克
细砂糖------- 36 克
黑芝麻粉------2 克
水---------- 22 毫升
无盐黄油---- 32 克
盐---------------2 克
紫菜----------- 适量
肉松---------- 60 克

做法 Make

1.肉松加 12 克无盐黄油拌匀成肉松馅；奶粉加 2 克酵母粉、95 克高筋面粉、全蛋液、牛奶，拌匀揉成团，发酵约 50 分钟。

2.剩余高筋面粉加酵母粉、黑芝麻粉、细砂糖、水拌匀揉成团。

3.加入步骤 1 的面团揉匀，再加入剩余无盐黄油和盐，揉成光滑的面团，盖保鲜膜发酵 25 分钟。

4.取出发酵好的面团，分成 6 等份，分别揉圆，表面喷少许水，松弛 10~15 分钟，压扁，包入步骤 1 的肉松馅。

5.将三分之二部分的面团底部用手捏成尖角的形状，与余下的面团底部朝上捏合成三角形面团。面团表面喷水，贴上一片紫菜，放在烤盘上，发酵约 40 分钟。

6.烤箱以上火 180℃、下火 170℃预热，将烤盘置于烤箱中层，烤约 15 分钟至面包表面上色即可。

「香葱烟肉包」

烘焙时间：15 分钟

原料 Material

细砂糖------- 40 克
奶粉------------8 克
酵母粉---------3 克
全蛋液------- 38 克
牛奶------- 40 毫升
水---------- 28 毫升
高筋面粉---165 克
无盐黄油----- 适量
盐-------------- 适量
沙拉酱-------- 适量
芝士碎-------- 适量
烟肉---------120 克
葱------------- 20 克

做法 Make

1.把适量无盐黄油放入平底锅中熔化，放入烟肉炒香，出锅，加入葱和少许盐拌匀，制成馅料。

2.把高筋面粉、细砂糖、酵母粉、奶粉放入搅打盆，搅匀，加入全蛋液 28 克、牛奶和水，拌匀并揉成团 。加入 2 克盐和 20 克无盐黄油，揉成面团，放入盆中，盖保鲜膜发酵 20 分钟。

3.取出面团，分成 6 等份，分别揉圆，表面喷少许水，松弛 10~15 分钟，压扁，擀成长条形薄面片，中间放上馅料，面片由前至后卷起，收口捏紧，再从中间切开，不要切断。

4.将面团的一边扭转 180°，切口朝上平放在烤盘上发酵 45 分钟。再在面团表面刷全蛋液，挤上沙拉酱，撒上芝士碎。

5.烤箱以上火 185°C、下火 170°C预热，将烤盘置于烤箱的中层，烤约 15 分钟，取出即可。

看视频学西点

「甜甜圈」

制作时间：95 分钟

原料 Material

高筋面粉---250 克
奶粉---------- 10 克
细砂糖------- 50 克
酵母粉---------2 克
盐---------------3 克
鸡蛋---------- 12 克
水---------145 毫升
橄榄油---- 25 毫升
糖粉----------- 适量

做法 Make

1.将高筋面粉、奶粉、酵母粉、细砂糖一起放入搅打盆中，搅匀。

2.倒入鸡蛋、水和橄榄油、盐，拌匀并揉成面团。取出面团放在操作台上，继续揉至可以撑出薄膜。

3.放入盆中基本发酵 20 分钟。

4.取出面团，分成两等份，揉圆，表面喷少许水，松弛 10~15 分钟。

5.分别把两个面团擀成长圆形，由较长的一边开始卷起成圆筒状。

6.将圆筒状面团的一端搓尖，另一端往外推压变薄。

7.将面团尖端放置于压薄处，捏紧收口，放在烤盘中，最后发酵 50 分钟（在发酵的过程中注意给面团保湿，每过一段时间可以喷少许水）。

8.锅中放油，待烧热后放入面团，炸至表面金黄色，出锅凉凉，在表面撒少许糖粉装饰即可。

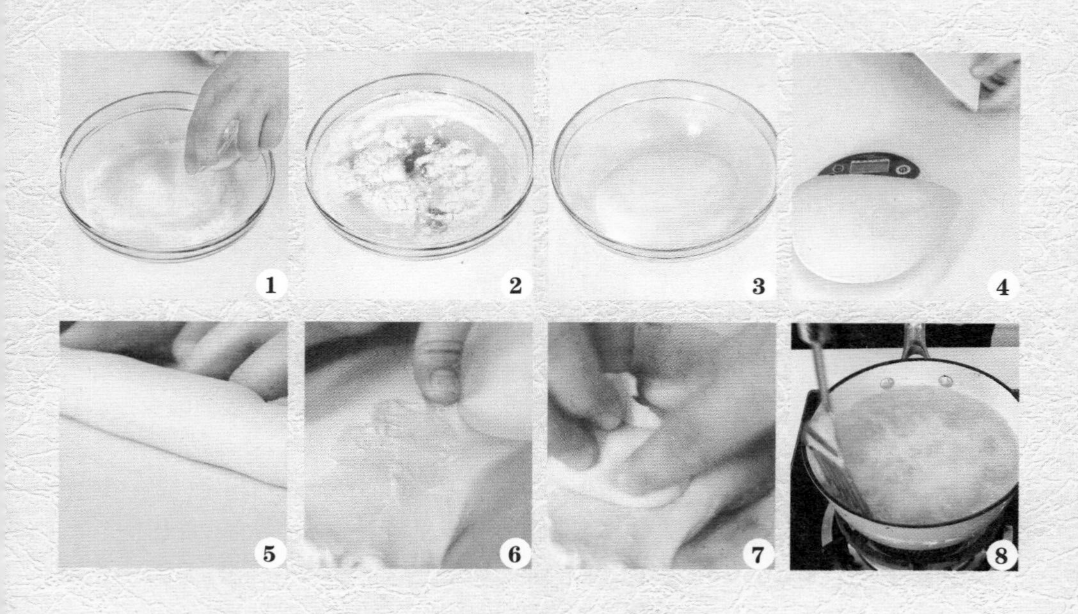

「咖喱杂菜包」

烘焙时间：15 分钟

原料 Material

高筋面粉---200 克
细砂糖------- 25 克
酵母粉---------4 克
鸡蛋------------1 个
牛奶------- 30 毫升
无盐黄油---- 38 克
盐---------------4 克
杂蔬---------- 80 克
日式咖喱酱-- 适量
胡椒粉-------- 适量
全蛋液-------- 适量
杏仁片-------- 适量

做法 Make

1.将 8 克无盐黄油放入平底锅中加热熔化，加入杂蔬炒香。

2.加入日式咖喱酱、1 克盐和胡椒粉，炒匀，制成馅料。

3.把高筋面粉、细砂糖、酵母粉放入盆中搅匀，加入鸡蛋和牛奶，拌匀并揉成团。

4.加入剩余的无盐黄油和剩余的盐，揉至完全吸收，放入盆中，包保鲜膜基本发酵 20 分钟。

5.取出发酵好的面团，分成 6 等份并揉圆，表面喷少许水，松弛 10~15 分钟。

6.每个小面团压扁包入适量的馅料，收口捏紧，放在烤盘上发酵 45 分钟，再在其表面刷上一层全蛋液，撒上杏仁片。

7.烤箱以上火 185℃、下火 170℃预热，将烤盘置于烤箱中层，烤约 15 分钟，取出即可。

「日式肉桂苹果包」

烘焙时间：15 分钟

原料 Material

酵母粉---------2 克
细砂糖------- 40 克
奶粉------------8 克
牛奶------- 40 毫升
水---------- 28 毫升
高筋面粉---165 克
无盐黄油---- 20 克
盐---------------2 克
全蛋液-------- 适量
苹果------------1 个
肉桂粉-------- 适量

做法 Make

1.把水倒入酵母粉中，搅拌均匀酵母即转为活性。

2.准备一个搅打盆，加入高筋面粉、细砂糖、奶粉，搅匀。加入全蛋液 28 克、牛奶和酵母水，拌匀并揉成团。

3.取出面团揉匀，加入盐和无盐黄油，揉至完全融合。

4.把面团放入盆中，盖保鲜膜基本发酵 15 分钟。

5.取出面团，分割成若干个等量小面团，表面喷少许水，松弛 10~15 分钟。分别把小面团用擀面杖擀成长方形的薄片，然后两端向上对折成正方形。

6.面团均匀地放在烤盘上，最后发酵约 60 分钟。在面团表面涂上全蛋液，放上适量切好的苹果片，撒上少许肉桂粉。

7.烤箱以上火 180℃、下火 170℃预热，将烤盘置于烤箱中层，烤约 15 分钟至面包上色即可。

「地中海橄榄烟肉包」

烘焙时间：15 分钟

原料 Material

水---------145 毫升
盐---------------4 克
酵母粉---------1 克
高筋面粉---260 克
细砂糖---------8 克
奶粉------------6 克
酵母粉---------2 克
无盐黄油---- 15 克
全蛋液-------- 适量
烟肉碎------150 克
罐装黑橄榄---9 粒
沙拉酱-------- 适量

做法 Make

1.60 克高筋面粉加 1 克酵母粉、1 克盐、35 毫升水拌匀，揉成光滑的面团，放入搅打盆中，盖保鲜膜发酵 40 分钟。

2.把剩余高筋面粉、细砂糖、奶粉、2 克酵母粉放入盆中搅匀；加入剩余的水，拌匀揉成团，加入步骤 1 面团揉匀。

3.加入无盐黄油和 3 克盐，揉成一个光滑的面团。把揉好的面团放入搅打盆中，发酵 20 分钟。

4.取出面团，分成 6 等份，搓成条，表面喷少许水，松弛 15 分钟。用编辫子的手法整成辫子的造型，两端收口捏紧。

5.将成形的面团放在烤盘上发酵 50 分钟。发酵完后，在面团表面刷上全蛋液，撒上烟肉碎和黑橄榄，挤上沙拉酱。

6.烤箱以上、下火 180℃预热，将烤盘置于烤箱中层，烤约 15 分钟即可。

「厚切餐肉包」

烘焙时间：15 分钟

原料 Material

细砂糖------- 40 克
奶粉------------8 克
酵母粉---------3 克
牛奶------- 40 毫升
水---------- 28 毫升
高筋面粉---165 克
无盐黄油---- 20 克
盐---------------2 克
罐装午餐肉---6 片
全蛋液-------- 适量

做法 Make

1.将高筋面粉、细砂糖、奶粉、酵母粉放入盆中，搅匀。

2.加入全蛋液 28 克、牛奶和水，拌匀并揉成团。取出面团，放在操作台上，揉匀。

3.加入无盐黄油和盐，揉至完全吸收成为一个光滑的面团。

4.将面团放入盆中，盖上保鲜膜发酵 20 分钟。

5.取出面团，分割成 6 等份，分别揉圆，表面喷少许水，松弛 10~15 分钟后，将面团压扁，擀成长形。

6.面团中间放上一片午餐肉，两端往中间折好，捏紧。

7.把面团折口朝下，均匀地放在烤盘上，最后发酵 40 分钟。

8.面团表面刷一层全蛋液。烤箱以上火 185℃、下火 170℃预热，将烤盘置于烤箱中层，烤约 15 分钟，取出即可。

「南瓜面包」

烘焙时间： 16～18 分钟

原料 Material

高筋面粉---270 克
低筋面粉---- 30 克
酵母粉---------4 克
南瓜泥------200 克
蜂蜜---------- 30 克
牛奶------- 30 毫升
无盐黄油---- 30 克
盐---------------2 克
南瓜子-------- 适量

做法 Make

1.把牛奶倒入南瓜泥中，拌匀，再加入蜂蜜，拌匀。

2.把高筋面粉、低筋面粉、酵母粉放入搅打盆中，搅匀。

3.加入步骤 1 中的材料，拌匀并揉成团，把面团取出，放在操作台上，揉匀。

4.加入盐和无盐黄油，继续揉至完全融合成为一个光滑的面团，放入盆中，盖上保鲜膜基本发酵 20 分钟。

5.取出面团，分成 6 等份并揉圆，在表面喷少许水，松弛 10~15 分钟。

6.分别把面团稍压平，用剪刀在面团边缘均匀地剪出 6~8 个小三角形，去掉不要。

7.把面团均匀地放在烤盘上，最后发酵 50 分钟（在发酵的过程中注意给面团保湿，每过一段时间可以喷少许水），待发酵好后，表面放上几颗南瓜子。

8.烤箱以上火 175℃、下火 170℃预热，将烤盘置于烤箱中层，烤 16~18 分钟至面包表面金黄色即可。

看视频学西点

「枫叶红薯面包」

烘焙时间：30 分钟

原料 Material

高筋面粉---280 克
酵母粉---------2 克
细砂糖------- 20 克
鸡蛋------------1 个
牛奶------120 毫升
盐---------------2 克
无盐黄油---135 克
黑芝麻---------8 克
白芝麻---------8 克
熟红薯块----- 适量
枫叶糖浆---- 40 克

做法 Make

1.无盐黄油 40 克和枫叶糖浆隔水熔化，备用。

2.把高筋面粉、细砂糖、酵母粉放入搅打盆中，搅匀，加入鸡蛋、牛奶、黑芝麻和白芝麻，拌匀并揉成团 。

3.把面团取出，放在操作台上，揉匀。

4.加入盐和无盐黄油 90 克，继续揉至完全融合成为一个光滑的面团，放入盆中，盖上保鲜膜，基本发酵 15 分钟。

5.取出发酵好的面团，分割成 21 等份的小面团，揉圆，表面喷少许水，松弛 10~15 分钟。

6.每个小面团均匀地蘸上熔化好的黄油糖浆。熟红薯块放入剩余的黄油糖浆中拌匀，与小面团一起间隔着放入吐司模中。无盐黄油 5 克用微波炉（10 秒）熔化后，均匀地刷在面团表面。

7.盖上吐司模的盖子，最后发酵 90 分钟（在发酵的过程中注意给面团保湿，每过一段时间可以喷少许水）至七分满模。吐司模放在烤盘上。

8.烤箱以上火 190℃、下火 180℃预热，将烤盘置于烤箱中层，烤约 30 分钟，取出凉凉后即可食用。

看视频学西点

「橄榄油乡村面包」

烘焙时间： 20 分钟

原料 Material

高筋面粉---250 克
全麦面粉---- 50 克
酵母粉---------2 克
盐---------------5 克
橄榄油---- 30 毫升
温水------195 毫升
麦芽糖------- 15 克

做法 Make

1.将高筋面粉（留 5~10 克备用）、全麦面粉、酵母粉放入搅打盆中，搅匀。

2.再倒入温水、橄榄油和麦芽糖，加入盐，拌匀，并揉成不粘手的面团。

3.取出面团，放在操作台上，继续揉至可以撑出薄膜的状态。

4.将面团揉圆放入盆中，包上保鲜膜，发酵约 30 分钟。

5.取出面团，分割成两等份，分别揉圆，放在烤盘上，最后发酵 50 分钟（在发酵的过程中注意给面团保湿，每过一段时间可以喷少许水）。

6.在面团表面撒上些许高筋面粉。

7.用刀在面团表面划出网状。

8.烤箱以上火 190℃、下火 195℃预热，将烤盘置于烤箱中层，烤约 20 分钟至面包表面金黄色即可。

看视频学西点

「芝麻小汉堡」

烘焙时间：12 分钟

原料 Material

高筋面粉---250 克
奶粉------------8 克
细砂糖------- 25 克
酵母粉---------3 克
水---------135 毫升
盐---------------5 克
无盐黄油---- 30 克
全蛋液-------- 适量
白芝麻-------- 适量

做法 Make

1.将高筋面粉、奶粉、细砂糖、酵母粉放入搅打盆中，搅匀。
2.倒入全蛋液 25 克、水，拌匀并揉成不粘手的面团。
3.加入无盐黄油和盐，通过揉和甩打，将面团混合均匀。
4.将面团揉圆放入盆中，包上保鲜膜，进行基本发酵约 13 分钟。
5.取出发酵好的面团，分割成 4 等份，分别揉圆。
6.面团表面刷上全蛋液，然后撒上白芝麻。
7.把面团均匀地放在烤盘上最后发酵 45 分钟（在发酵的过程中注意给面团保湿，每过一段时间可以喷少许水）。
8.烤箱以上、下火 200℃预热，将烤盘置于烤箱中层，烤约 12 分钟，取出即可。

「咖啡葡萄干面包」

烘焙时间：10 分钟

看视频学西点

原料 Material

高筋面粉---250 克
奶粉------------8 克
酵母粉---------3 克
即溶咖啡粉--- 5 克
细砂糖------- 25 克
水---------170 毫升
盐--------------5 克
无盐黄油---- 20 克
葡萄干------100 克
全蛋液-------- 适量
杏仁片-------- 适量

做法 Make

1. 将备好的即溶咖啡粉倒入水中，搅拌至与水完全融合。

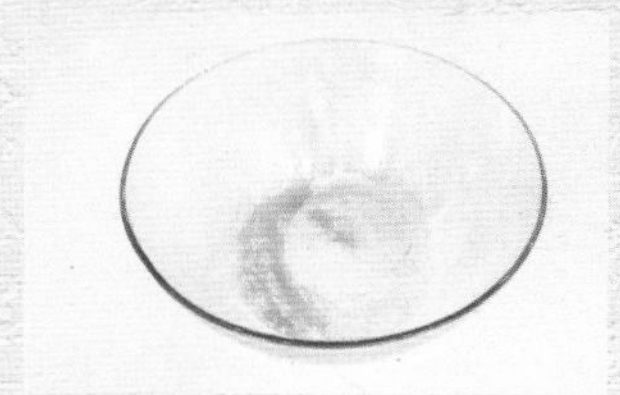

2. 将高筋面粉、奶粉、酵母粉、细砂糖放入搅打盆中，搅匀，再倒入步骤1的材料，拌匀并揉成不粘手的面团。

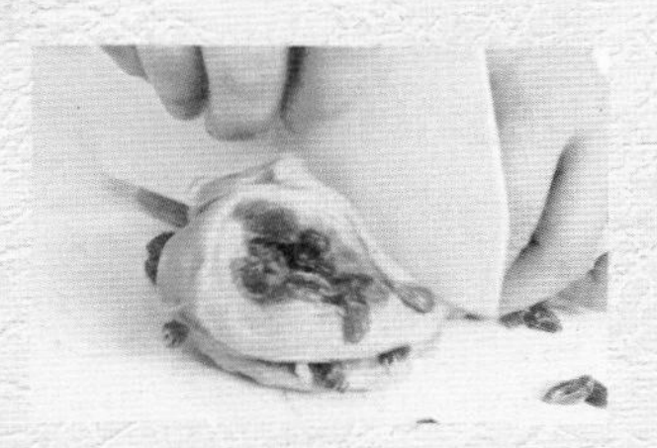

3. 加入无盐黄油和盐，通过揉和甩打，将面团慢慢混合均匀，然后加入葡萄干，用刮刀将面团重叠切拌均匀。

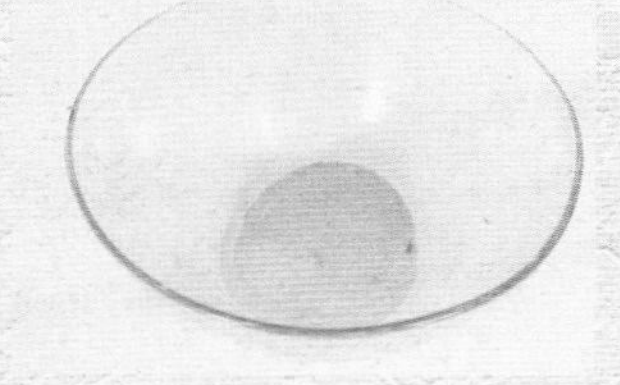

4. 将面团揉圆，放入盆中，包上保鲜膜，发酵约20分钟。

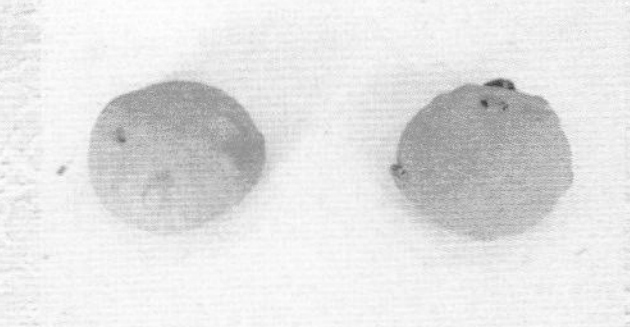

5. 取出发酵好的面团，分成两等份，并揉圆。

6. 将面团放在烤盘上，最后发酵40分钟（在发酵的过程中注意给面团保湿，每过一段时间可以喷少许水）。

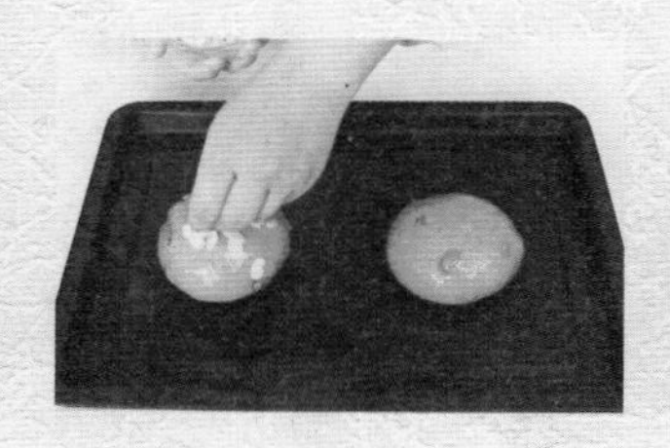

7. 待发酵好后，在面团表面刷上一层全蛋液，撒上适量的杏仁片。

8. 烤箱以上、下火200℃预热，将烤盘置于烤箱中层，烤约10分钟，取出即可。

看视频学西点

「面具佛卡夏」

烘焙时间：10 ～ 12 分钟

原料 Material

高筋面粉---330 克
水---------225 毫升
酵母粉---------2 克
盐-------------- 适量
橄榄油-------- 适量
红椒末-------- 适量
罗勒叶-------- 适量
芝士粉-------- 适量

做法 Make

1.将 100 克高筋面粉、1 克酵母粉、75 毫升水放入搅打盆中，搅拌均匀后，盖上保鲜膜，进行液种发酵。

2.将 230 克高筋面粉、1 克酵母粉放入搅打盆中搅匀，然后加入水 150 毫升和橄榄油拌匀并揉成团，最后加入发酵好的液种面团，揉匀。

3.把面团放在操作台上继续揉至表面光滑，并能够拉出薄膜。然后把面团放入盆中，盖上保鲜膜发酵 30 分钟。

4.把发酵好的面团取出，分割成 4 等份并揉圆，表面喷少许水，松弛 10~15 分钟后，取其中一个分好的面团，放在烤盘上。

5.用擀面杖把烤盘上的面团擀开，让气体全部排出。

6.用刮板在面团中间切出一个 15 厘米长的刀口，左右各斜切 3 刀，刀口长约 5 厘米。再用刷子在面团表面刷上一层橄榄油，进行最后发酵 20 分钟；剩余 3 个面团均按步骤 5、6 操作。

7.给发酵好的面团撒上适量盐、红椒末、罗勒叶和芝士粉。

8.烤箱以上、下火 210℃预热，将烤盘置于烤箱中层，烤 10~12 分钟至面包表面金黄即可。

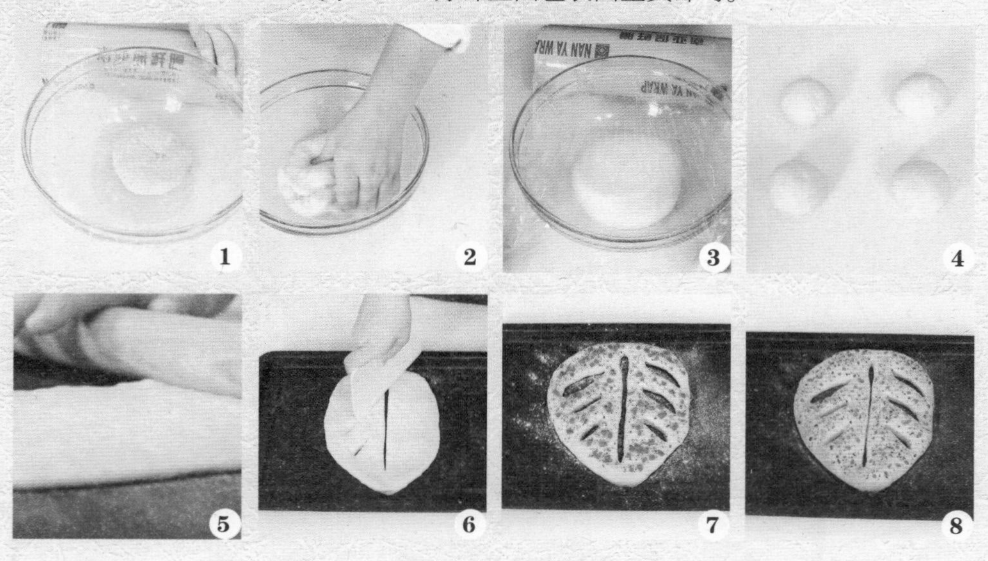

看视频学西点

「欧陆红莓核桃面包」

烘焙时间： 27 分钟

原料 Material

高筋面粉---220 克
全麦面粉---- 45 克
黑糖---------- 20 克
酵母粉---------2 克
温水------150 毫升
橄榄油---- 16 毫升
盐---------------5 克
红莓干碎---- 35 克
核桃碎------- 35 克

做法 Make

1.将黑糖倒入温水中，搅拌至溶化。
2.将高筋面粉 200 克、全麦面粉、酵母粉、盐 2 克放入搅打盆中，搅匀，再倒入步骤 1 的材料、橄榄油和盐 3 克，拌匀，放在操作台上，揉成不粘手的面团。
3.加入核桃碎和红莓干碎，用刮刀将面团重叠切拌均匀。
4.将面团揉圆，放入盆中，包上保鲜膜，发酵 20 分钟。
5.取出发酵好的面团，分成两等份，并揉圆，表面喷少许水，松弛 10~15 分钟。
6.分别把两个面团擀成椭圆形，然后把面团两端向中间对折，卷起成橄榄形。
7.把整形好的面团均匀地放在烤盘上，最后发酵约 50 分钟（在发酵的过程中注意给面团保湿，每过一段时间可以喷少许水），待发酵好后在面团表面撒上适量剩余的高筋面粉。
8.烤箱以上火 180℃、下火 175℃预热，将烤盘置于烤箱中层，烤约 27 分钟，取出即可。

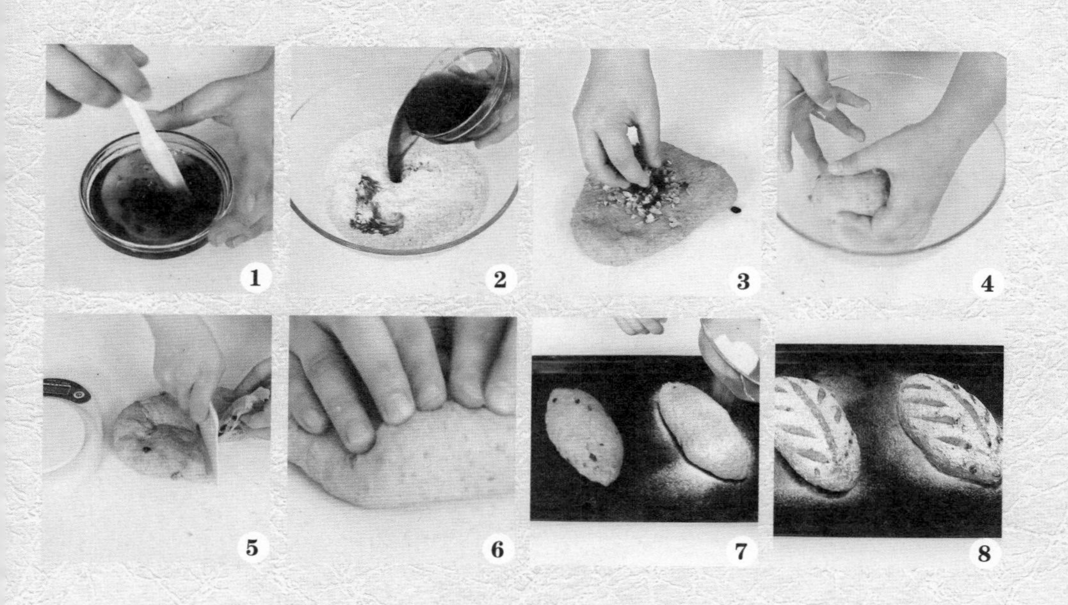

「滋味肉松卷」

烘焙时间：18 ～ 20 分钟

原料 Material

高筋面粉---250 克
即食燕麦片- 50 克
酵母粉---------2 克
细砂糖------- 20 克
牛奶------210 毫升
鸡蛋------------1 个
盐---------------1 克
无盐黄油---- 30 克
肉松---------100 克
芝士碎------- 80 克
全蛋液-------- 适量
香草----------- 适量

做法 Make

1.把高筋面粉、酵母粉、细砂糖、即食燕麦片放入搅打盆中，搅匀。

2.加入鸡蛋、牛奶，拌匀并揉成团。把面团取出，放在操作台上，揉匀。

3.加入盐和无盐黄油，继续揉至完全融合成为一个光滑的面团，放入盆中，盖上保鲜膜，基本发酵 15 分钟。

4.取出面团，稍压扁，用擀面杖擀成方形。

5.在面团表面撒上芝士碎和肉松。

6.卷起面团成柱状，两端收口捏紧，底部捏合。

7.用刀切成 10 等份，均匀地放在烤盘上最后发酵 40 分钟（在发酵的过程中注意给面团保湿，每过一段时间可以喷少许水）。完成发酵后，在面团表面刷一层全蛋液并撒上香草。

8.烤箱上火 180℃、下火 190℃预热，烤盘放入烤箱中层，烤 18~20 分钟至面包表面呈金黄色即可。

「爱尔兰苏打面包」

烘焙时间：30 分钟

看视频学西点

原料 Material

中筋面粉---270 克
细砂糖------- 30 克
泡打粉---------8 克
牛奶------160 毫升
盐---------------3 克
无盐黄油---- 50 克
酵母粉---------2 克

做法 Make

1.将中筋面粉 250 克、细砂糖、泡打粉、酵母粉放入搅打盆中搅匀。

2.加入牛奶，拌匀，再加入无盐黄油和盐，慢慢揉均匀。

3.把面团放入盆中，盖上保鲜膜基本发酵 10 分钟。

4.待面团发酵好后，把其分成 3 等份，分别揉圆，表面喷少许水，松弛 10~15 分钟。

5.把面团放在烤盘上，发酵约 30 分钟（在发酵的过程中注意给面团保湿，每过一段时间可以喷少许水），表面撒适量剩余的中筋面粉。

6.用小刀在面团表面划出十字。

7.烤箱以上火 200°C、下火 180°C预热，将烤盘置于烤箱中层，烤 30 分钟，取出即可。

「白吐司」

烘焙时间： 40 分钟

原料 Material

高筋面粉---270 克
低筋面粉---- 30 克
奶粉---------- 15 克
细砂糖------- 10 克
酵母粉--------- 3 克
水---------205 毫升
无盐黄油---- 20 克
盐--------------- 2 克

做法 Make

1.将高筋面粉、低筋面粉、奶粉、细砂糖、酵母粉一起放入搅打盆中搅匀。

2.加入水，拌匀并揉成团，再加入无盐黄油、盐，揉均匀。

3.把面团放入盆中，盖上保鲜膜，基本发酵 25 分钟。

4.取出发酵好的面团，分成两等份，揉圆，表面喷少许水，松弛 10~15 分钟。将面团用擀面杖擀成长圆形。

5.将面团由外侧向内开始卷起成柱状，两端收口捏紧，将面团旋转 90°，再擀成长圆形。重复此步骤 4~5 次。

6.将面团放入吐司模具中，盖上盖子，最后发酵 120 分钟，发酵至面团顶住盖子。将吐司模放在烤盘上。

7.烤箱以上火 210℃、下火 190℃预热，将烤盘置于烤箱中层，烤约 40 分钟，取出即可。

「蓝莓吐司」

烘焙时间：35 分钟

原料 Material

高筋面粉---300 克
酵母粉---------6 克
盐---------------6 克
细砂糖------- 10 克
无盐黄油---- 25 克
蓝莓果酱---120 克
水---------- 80 毫升

做法 Make

1.把蓝莓果酱倒入水中拌匀，备用。

2.把高筋面粉、酵母粉、细砂糖放入搅打盆中，搅匀。

3.加入步骤 1 的材料，拌匀并揉成团。把面团取出，放在操作台上，揉圆。

4.加入盐和无盐黄油，继续揉至完全融合成为一个光滑的面团。

5.把面团放入盆中，盖上保鲜膜，基本发酵 20 分钟。

6.取出发酵好的面团，用擀面杖擀平成长方形，卷成柱状，底部和两端收口捏紧。

7.放入吐司模中，最后发酵 90 分钟（在发酵的过程中注意给面团保湿，每过一段时间可以喷少许水），至七分满模。吐司模放在烤盘上，烤箱以上火 180℃、下火 170℃预热，将烤盘置于烤箱中层，烤 35 分钟。

8.取出烤好的吐司，切成片即可。

看视频学西点

「奶油地瓜吐司」

烘焙时间：38 分钟

原料 Material

高筋面粉---280 克
酵母粉---------4 克
细砂糖------- 28 克
牛奶------130 毫升
番薯泥------120 克
盐---------------2 克
无盐黄油---- 20 克
无盐黄油（隔水熔化）------- 15 毫升

做法 Make

1.把高筋面粉、酵母粉、细砂糖一起放入搅打盆中，搅匀。

2.加入番薯泥和牛奶，拌匀并揉成团。把面团取出，放在操作台上，揉匀。

3.加入盐和无盐黄油 20 克，继续揉至完全融合成为一个光滑的面团，放入盆中，盖上保鲜膜，基本发酵 20 分钟。

4.取出面团，分成 3 等份，表面喷少许水，松弛 10~15 分钟。

5.分别把 3 个面团揉成椭圆形。

6.用擀面杖把面团擀成长圆形，然后卷成圆柱状，整齐地放入吐司模中，最后发酵 90 分钟（在发酵的过程中注意给面团保湿，每过一段时间可以喷少许水）至七分满模。吐司模放在烤盘上。

7.发酵好的面团表面刷上熔化的无盐黄油。

8.烤箱以上、下火 170℃预热，将烤盘置于烤箱中层，烤约 38 分钟至面包表面金黄色即可。

看视频学西点

「巧克力大理石吐司」

烘焙时间： 35 分钟

原料 Material

高筋面粉---250 克
细砂糖------- 15 克
酵母粉---------2 克
原味酸奶- 25 毫升
牛奶------- 25 毫升
水---------150 毫升
无盐黄油---- 15 克
盐---------------5 克
巧克力酱---- 50 克

做法 Make

1.将高筋面粉、细砂糖、酵母粉一起放入搅打盆中搅匀，加入原味酸奶、牛奶和水，拌匀并揉成团。

2.加入无盐黄油和盐，通过揉和甩打，将面团混合均匀。

3.把面团放入盆中，盖上保鲜膜，基本发酵 20 分钟。

4.取出发酵好的面团，稍压扁后用擀面杖擀成长方形。

5.在面团中间均匀地挤上一排巧克力酱。

6.面团对折，用刮板在表面切两刀，切断一边，另一边不要切断。

7.用编辫子的手法把面团做成辫子的形状。

8.放入吐司模中，最后发酵 90 分钟（在发酵的过程中注意给面团保湿，每过一段时间可以喷少许水）至八分满模，吐司模放在烤盘上。烤箱以上火 190℃、下火 200℃预热，将烤盘置于烤箱中层，烤 35 分钟取出即可。

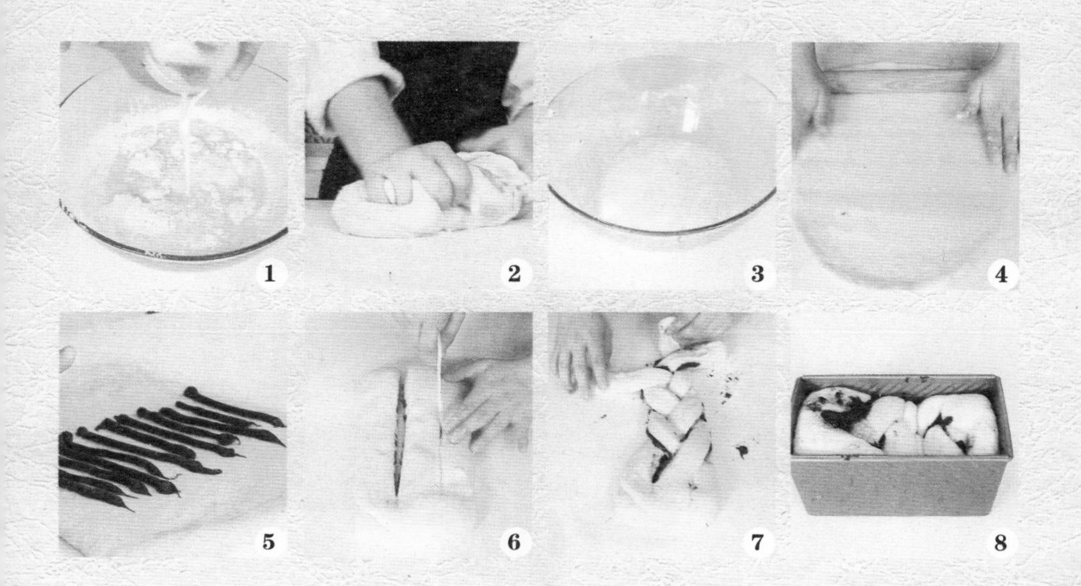

吃了又吃的绵软蛋糕

相较于面包的朴实松软，蛋糕则多了一层精致浪漫的外衣，赏心悦目之余，还可以轻轻一卷，变幻出奇趣多样的造型，更是给舌尖带来美好的体验。

「脆皮菠萝蛋糕」

烘焙时间：16 分钟

看视频学西点

原料 Material

蛋黄------------2 个
细砂糖------- 40 克
低筋面粉---- 40 克
栗粉---------- 10 克
泡打粉---------2 克
芝士片------- 40 克
香草精---------2 滴
牛奶------- 30 毫升
色拉油---- 10 毫升
蛋白------------2 个

做法 Make

1. 在搅打盆中倒入蛋黄和20克细砂糖，搅拌均匀。

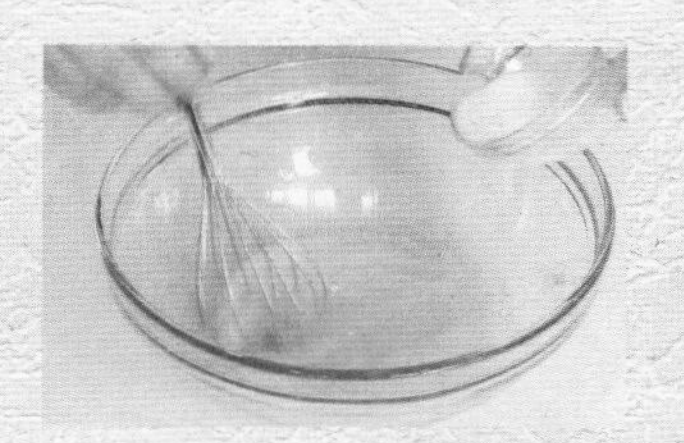

2. 倒入牛奶及色拉油，搅拌均匀。

3. 倒入香草精，搅拌均匀。

4. 筛入低筋面粉、栗粉及泡打粉，搅拌均匀，制成蛋黄糊。

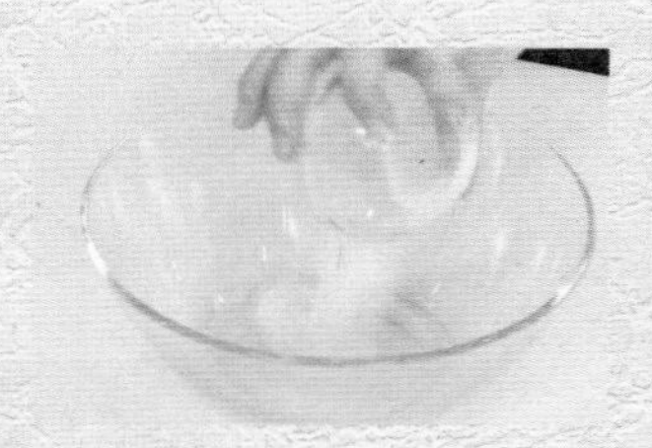

5. 将蛋白及20克细砂糖倒入新的搅打盆中打发，制成蛋白霜。

6. 将1/3的蛋白霜倒入蛋黄糊中，搅拌均匀，再倒回至剩余的蛋白霜中，搅拌均匀，制成蛋糕糊。

7. 在芝士片上切割出田字格。

8. 模具中垫上油纸，将蛋糕糊倒入模具中，在表面放上芝士片，放入预热至170℃的烤箱中层，烘烤约16分钟即可。

「原味戚风蛋糕」

烘焙时间：25 分钟

原料 Material

低筋面粉---- 70 克
蛋黄------------3 个
细砂糖------- 70 克
牛奶------- 60 毫升
色拉油---- 40 毫升
栗粉------------8 克
泡打粉---------2 克
蛋白---------140 克

做法 Make

1.在搅打盆中将蛋黄打散，倒入 20 克细砂糖，搅拌均匀。

2.倒入牛奶及色拉油，搅拌均匀。

3.筛入低筋面粉、泡打粉及栗粉，搅拌均匀，制成蛋黄糊。

4.取一新的搅打盆，倒入蛋白及 50 克细砂糖，用电动打蛋器打发至可提起鹰嘴状，即成蛋白霜。

5.将 1/3 的蛋白霜加入到蛋黄糊中，用橡皮刮刀轻轻搅拌均匀。

6.倒回至剩余的蛋白霜中，搅拌均匀，制成蛋糕糊。

7.将蛋糕糊从距离桌面约 25 厘米处倒入中空蛋糕模具中。

8.烤箱预热至 180℃，将蛋糕模具放入烤箱，烤约 25 分钟，至蛋糕表面上色。烤好后，取出，将模具倒扣，防止塌陷。

「抹茶戚风蛋糕」

烘焙时间：25 分钟

原料 Material

低筋面粉---- 70 克
蛋黄------------3 个
细砂糖------- 70 克
牛奶------- 60 毫升
色拉油---- 40 毫升
栗粉------------8 克
泡打粉---------2 克
抹茶粉---------8 克
蛋白---------140 克

做法 Make

1.在搅打盆中将蛋黄打散，倒入细砂糖 20 克、牛奶及色拉油，搅拌均匀。

2.筛入低筋面粉、泡打粉、抹茶粉及栗粉，搅拌均匀，制成蛋黄糊。

3.取一新的搅打盆，倒入蛋白及 50 克细砂糖，用电动打蛋器打发至可提起鹰嘴状，即成蛋白霜。

4.将 1/3 的蛋白霜加入到蛋黄糊中，用橡皮刮刀轻轻搅拌均匀。

5.倒回至剩余的蛋白霜中，搅拌均匀，制成蛋糕糊。

6.将蛋糕糊从距离桌面约 25 厘米处倒入中空蛋糕模具中。

7.烤箱预热至 180℃，将蛋糕模具放入烤箱，烤约 25 分钟，至蛋糕表面上色。烤好后，取出，将模具倒扣，防止塌陷。

看视频学西点

「香蕉阿华田雪芳」

烘焙时间：25 分钟

原料 Material

蛋黄------------------ 2 个
细砂糖--------------50 克
色拉油-----------10 毫升
阿华田粉-----------20 克
水-----------------30 毫升
香蕉泥------------ 100 克
低筋面粉-----------50 克
栗粉-----------------10 克
泡打粉--------------- 1 克
蛋白------------------ 2 个
已打发的淡奶油---适量

做法 Make

1.将阿华田粉倒入水中，搅拌均匀。

2.将蛋黄及 30 克细砂糖倒入搅打盆中，搅拌均匀。

3.倒入步骤 1 的阿华田液。

4.倒入色拉油及香蕉泥，搅拌均匀。

5.筛入低筋面粉、栗粉及泡打粉搅拌均匀，制成蛋黄糊。

6.将蛋白及 20 克细砂糖倒入新的搅打盆中，快速打发，制成蛋白霜。

7.将 1/3 的蛋白霜倒入蛋黄糊中，搅拌均匀，再倒回至剩余的蛋白霜中，搅拌均匀，制成蛋糕糊。

8.将蛋糕糊倒入模具中，放入预热至 170℃的烤箱中层烘烤约 25 分钟。烤好后，将模具倒扣，放凉，挤上已打发的淡奶油即可。

「枫糖核桃戚风蛋糕」

烘焙时间：40 分钟

原料 Material

蛋黄------------2 个
细砂糖------- 72 克
黑糖---------105 克
枫糖---------- 16 克
盐------------ 0.5 克
芥花籽油- 44 毫升
水---------- 60 毫升
蛋白---------112 克
低筋面粉---112 克
无盐黄油------5 克
牛奶------- 45 毫升
糖粉---------- 90 克
核桃碎-------- 适量
烘烤核桃碎 100 克

做法 Make

1.在烟囱蛋糕模具的内部喷少许水，放入冰箱冷藏。

2.将蛋黄、20 克细砂糖、20 克黑糖、枫糖、盐放入搅打盆中，隔水加热，使蛋液维持在 40℃左右，打发成浅黄色。

3.加入芥花籽油和水，高速打发使芥花籽油、水充分融入蛋液中，然后筛入低筋面粉，搅拌均匀后成蛋黄糊。

4.将蛋白倒入另一个搅打盆中，分两次加入 52 克细砂糖，打至九分发，成立体的蛋白霜，再分两次倒入蛋黄糊中拌匀。

5.放入烘烤过的核桃碎 100 克，搅拌均匀，面糊部分完成。

6.将面糊倒入烟囱蛋糕模具中，放入预热至 160℃的烤箱中层烘烤 40 分钟，取出倒扣，待蛋糕冷却脱模。

7.将无盐黄油、85 克黑糖、牛奶放入锅煮至溶化后，倒入搅打盆中，筛入糖粉拌匀，淋在蛋糕上，放上适量核桃碎即可。

「法式海绵蛋糕」

烘焙时间：30 分钟

原料 Material

鸡蛋------------4 个
糖粉---------110 克
无盐黄油---- 20 克
低筋面粉---110 克
泡打粉---------2 克

做法 Make

1.取一大盆，倒入温水，将搅打盆放入大盆中，再将鸡蛋及 55 克糖粉倒入搅打盆中，用电动打蛋器搅拌均匀，

2.倒入剩余的 55 克糖粉，快速搅拌至呈发白状态。

3.将无盐黄油放入锅中，隔水加热至熔化。

4.倒入步骤 2 的混合物中，搅拌均匀。

5.筛入低筋面粉及泡打粉，搅拌均匀，制成蛋糕糊。

6.将蛋糕糊倒入蛋糕模具中，放入预热至 170℃的烤箱中层烘烤约 30 分钟。烤好后，将模具倒扣，放凉。

「胡萝卜蛋糕」

烘焙时间：45 分钟

看视频学西点

原料 Material

胡萝卜碎---- 75 克
苹果碎------- 75 克
鸡蛋------------3 个
细砂糖------200 克
盐---------------2 克
色拉油---135 毫升
高筋面粉---135 克
泡打粉---------2 克
肉桂粉---------5 克
核桃碎------- 30 克
蔓越莓干---- 30 克
奶油奶酪---200 克
淡奶油---- 15 毫升

做法 Make

1.将鸡蛋倒入搅打盆中，打散。

2.倒入盐及 150 克细砂糖，快速打发。

3.倒入色拉油，搅拌均匀。

4.筛入高筋面粉、泡打粉及肉桂粉，搅拌均匀。

5.倒入胡萝卜碎、苹果碎、核桃碎及蔓越莓干，搅拌均匀，制成蛋糕糊。倒入模具中，放入预热至 180℃的烤箱中层烘烤约 45 分钟，烤好后放凉。

6.将奶油奶酪用电动打蛋器搅打至顺滑。

7.倒入淡奶油及 50 克细砂糖，搅拌均匀，装入裱花袋中。

8.将烤好的蛋糕脱模，切成 3 层，在每 2 层之间挤上步骤 7 中的混合物，作为夹馅，抹平。剩余的抹在蛋糕表面呈波浪状即可。

「椰香海绵蛋糕」

烘焙时间：20 分钟

看视频学西点

原料 Material

鸡蛋------------4 个
糖粉---------110 克
无盐黄油---- 20 克
低筋面粉---110 克
椰丝----------- 适量

做法 Make

1.将无盐黄油隔水加热至熔化。

2.取一新的搅打盆，将鸡蛋倒入搅打盆中。

3.分 3 次边搅拌边倒入糖粉，用电动打蛋器打发 3 分钟。

4.加入熔化的无盐黄油，搅拌均匀，筛入低筋面粉，搅拌至柔滑状态，制成蛋糕糊。

5.将蛋糕糊装入裱花袋中，再挤入玛芬模具中，并在表面撒上椰丝。

6.放入预热至 175℃的烤箱中层烘烤约 20 分钟，至表面上色。

7.烤好后，取出，放凉，用抹刀分离蛋糕及模具边缘。

看视频学西点

「枫糖柚子小蛋糕」

烘焙时间： 25 分钟

原料 Material

蛋黄------------2 个
细砂糖------- 40 克
色拉油---- 10 毫升
柚子蜜------- 20 克
枫糖浆------- 10 克
泡打粉---------1 克
低筋面粉---- 40 克
水---------- 20 毫升
蛋白------------2 个

做法 Make

1.在搅打盆中倒入蛋黄和 20 克细砂糖，搅拌均匀。
2.倒入水及色拉油，搅拌均匀。
3.倒入枫糖浆，搅拌均匀。
4.筛入低筋面粉及泡打粉，搅拌均匀，制成蛋黄糊。
5.将蛋白和 20 克细砂糖放入一新的搅打盆，快速打发，制成蛋白霜。
6.将 1/3 的蛋白霜倒入蛋黄糊中，用橡皮刮刀轻轻搅拌均匀，再倒回至剩余的蛋白霜中，搅拌均匀，制成蛋糕糊。
7.将蛋糕糊装入裱花袋，垂直挤入蛋糕纸杯中，至八分满。
8.放入预热至170℃的烤箱中层，烘烤约25分钟，烤好后，取出，放凉，在表面放上柚子蜜即可。

「甜蜜奶油杯子蛋糕」

烘焙时间：20 分钟

看视频学西点

原料 Material

无盐黄油---180 克
细砂糖------- 50 克
炼奶---------- 80 克
牛奶------- 20 毫升
鸡蛋------------2 个
低筋面粉---120 克
泡打粉---------2 克
糖粉---------- 30 克
彩色糖针----- 适量

做法 Make

1.在搅打盆中倒入无盐黄油 80 克及细砂糖，搅拌均匀，再分次倒入鸡蛋，搅拌均匀。

2.倒入炼奶，搅拌均匀。

3.倒入牛奶，搅拌均匀。

4.筛入低筋面粉及泡打粉，搅拌均匀，制成蛋糕糊。

5.将蛋糕糊装入裱花袋中，垂直挤入蛋糕纸杯至八分满，放进预热至 175℃的烤箱中层烘烤约 20 分钟，取出，放凉。

6.将无盐黄油 100 克和糖粉倒入搅打盆中，快速打发，再装入裱花袋中。

7.以螺旋状挤在蛋糕表面，再撒上彩色糖针即可。

「黑糖桂花蛋糕」

烘焙时间：25 分钟

看视频学西点

原料 Material

蛋黄------------2 个
黑糖----------20 克
色拉油----10 毫升
干桂花---------3 克
低筋面粉----50 克
泡打粉---------1 克
热水-------30 毫升
蛋白------------2 个
细砂糖-------20 克

做法 Make

1.将热水倒入 2 克干桂花中，浸泡备用。

2.在搅打盆中倒入蛋黄及黑糖，搅拌均匀。

3.加入浸泡过的桂花（倒掉浸泡的水）及色拉油，搅拌均匀。

4.筛入低筋面粉及泡打粉，搅拌均匀。

5.取一新的搅打盆，将蛋白及细砂糖打发，制成蛋白霜。再将 1/3 的蛋白霜倒入步骤 4 的混合物中，搅拌均匀，再倒回至剩余的蛋白霜中，搅拌均匀，制成蛋糕糊。

6.将蛋糕糊装入裱花袋中，挤入蛋糕纸杯，放入预热至 170℃的烤箱中层烘烤约 25 分钟。

7.取出后在表面撒上剩余的干挂花即可。

「巧克力香蕉蛋糕」

烘焙时间：30分钟

看视频学西点

原料 Material

高筋面粉---- 60克
低筋面粉---- 20克
泡打粉--------- 1克
无盐黄油---275克
奶油奶酪---- 90克
细砂糖------115克
蛋黄-----------3个
蛋白-----------3个
香蕉---------- 半根
巧克力------160克
彩色糖果----- 适量
糖粉---------- 适量

做法 Make

1. 将奶油奶酪及115克无盐黄油倒入搅打盆中，搅拌均匀。

2. 分次倒入60克细砂糖，拌匀。

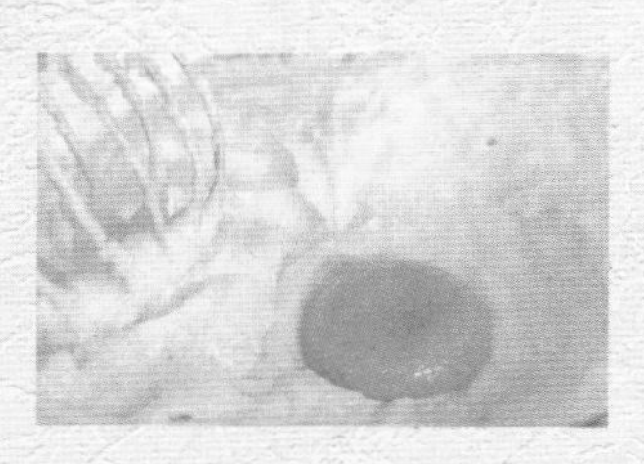

3. 分次加入蛋黄，搅拌均匀。

4. 筛入泡打粉、低筋面粉及高筋面粉，搅拌均匀。

5. 取一新的搅打盆，倒入蛋白及55克细砂糖，快速打发，制成蛋白霜。

6. 将1/3的蛋白霜倒入步骤4的搅打盆中，拌匀，再倒回至剩余的蛋白霜中，拌匀，装入裱花袋中。

7. 香蕉切厚片，再对半切，备用。

8. 将蛋糕糊垂直挤入蛋糕纸杯中，放上切半的香蕉，再挤一层蛋糕糊，放入预热至170℃的烤箱中层烘烤30分钟，取出。

9. 巧克力加热熔化，倒入剩余的无盐黄油中，拌匀。在蛋糕上放一片香蕉，再挤上巧克力酱，撒上彩色糖果及糖粉即可。

「巧克力咖啡蛋糕」

烘焙时间：18 分钟

原料 Material

即溶咖啡粉---5克
可可粉---------4克
鲜奶-------25毫升
热水-------20毫升
蛋黄----------40克
细砂糖-------45克
植物油----22毫升
咖啡酒----10毫升
低筋面粉----55克
蛋白----------80克
栗粉------------5克
盐---------------2克
淡奶油---100毫升

做法 Make

1.鲜奶5毫升和即溶咖啡粉拌匀。

2.淡奶油放入搅打盆中快速打发至可提起鹰钩状。

3.将步骤1中的混合物倒入已打发的淡奶油中，搅拌均匀后，装入裱花袋中，放入冰箱冷藏备用。

4.即溶咖啡粉、可可粉、鲜奶20毫升、咖啡酒及热水拌匀。

5.蛋黄倒入新的搅打盆，加盐及细砂糖20克，搅拌均匀。

6.将步骤4中的混合物倒入，搅拌均匀，再加入植物油，搅拌均匀，筛入低筋面粉及栗粉，搅拌至呈面糊状。

7.将蛋白放入新的搅打盆中，加入细砂糖25克，用电动打蛋器快速打发成蛋白霜。

8.将蛋白霜分两次加入到面糊中，搅拌均匀，装入裱花袋。

9.将蛋糕纸杯放入玛芬模具中。

10.将蛋糕面糊垂直挤入纸杯中至七分满。

11.烤箱以上火180℃预热，将模具放入烤箱中层，烤约18分钟。

12.出炉后冷却，在中间挤上咖啡奶油装饰即可。

看视频学西点

「雪花杯子蛋糕」

烘焙时间：25 分钟

原料 Material

鸡蛋------------2个
糖粉----------75克
蜂蜜----------20克
无盐黄油----40克
低筋面粉---100克
可可粉-------20克
泡打粉---------1克
香草精--------适量
淡奶油---150毫升
彩色糖珠-----适量
雪花小旗-----适量

做法 Make

1.在搅打盆中倒入鸡蛋及50克糖粉，搅拌均匀。

2.取一较大的盆，装入热水，将步骤1的搅打盆放入其中，隔水加热，继续搅拌至材料发白。

3.将无盐黄油加热熔化，倒入步骤2的混合物中，搅拌均匀。

4.加入蜂蜜，搅拌均匀。

5.将搅打盆从热水中取出，筛入低筋面粉、可可粉及泡打粉，搅拌均匀。

6.加入香草精，搅拌均匀，制成蛋糕糊，装入裱花袋中。

7.将蛋糕糊垂直地挤入蛋糕纸杯中，将模具放进预热至180°C的烤箱中层烘烤约25分钟，烤好后，取出，放凉。

8.取一新的搅打盆，放入淡奶油及剩余糖粉，快速打发，装入裱花袋中，挤在已放凉的蛋糕上，再撒上彩色糖珠及剩余糖粉，插上雪花小旗作为装饰。

「可乐蛋糕」

烘焙时间：18 分钟

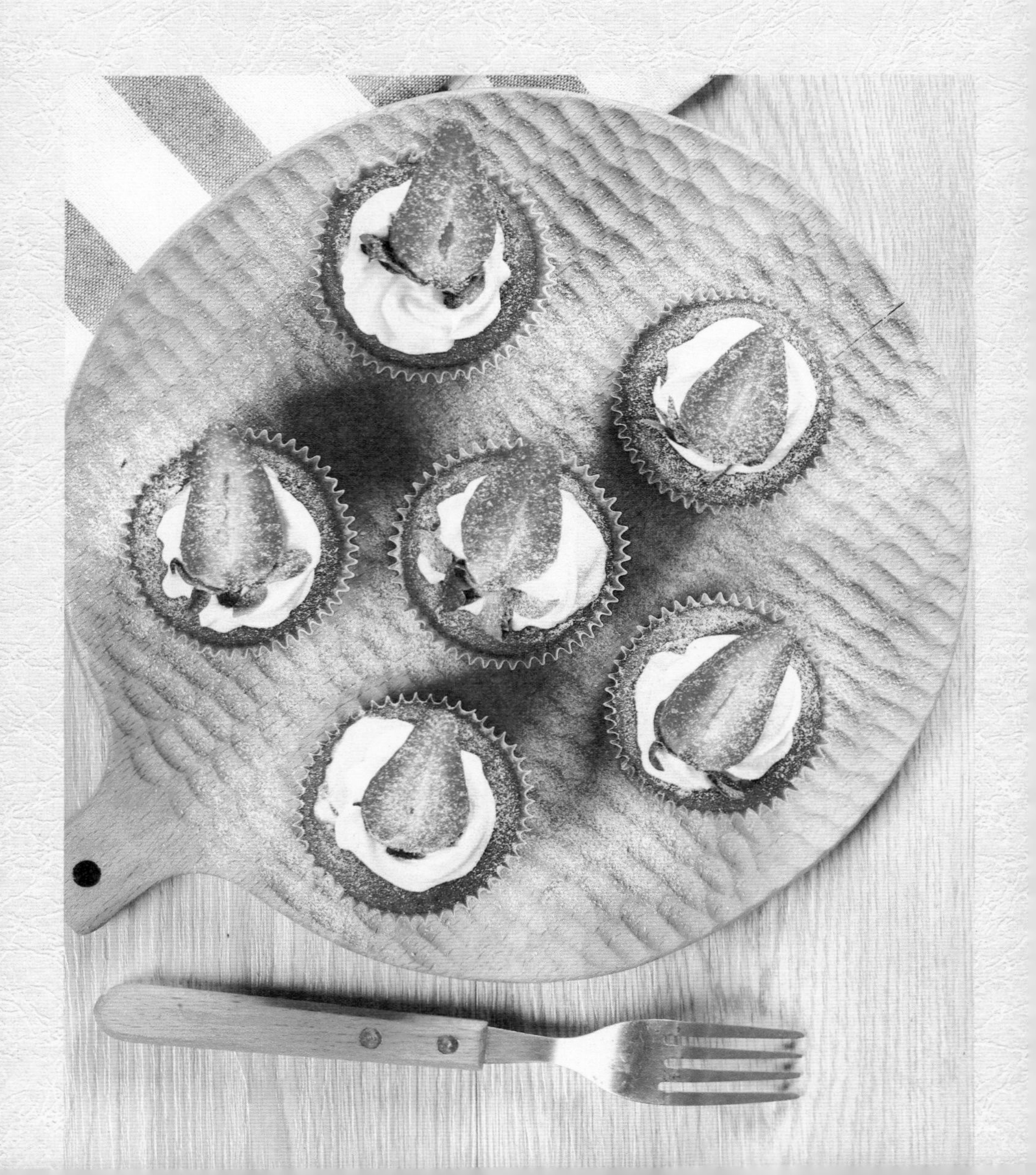

原料 Material

可乐汽水165毫升
无盐黄油---- 60克
高筋面粉---- 55克
低筋面粉---- 55克
泡打粉---------2克
可可粉---------5克
鸡蛋------------1个
香草精---------2滴
细砂糖------- 65克
盐---------------2克
棉花糖------- 20克
淡奶油---100毫升
草莓------------3颗
糖粉----------- 适量

做法 Make

1.无盐黄油放入不粘锅中，慢火煮至溶解。
2.倒入可乐汽水搅拌均匀，盛起待凉。
3.鸡蛋放入搅打盆中。
4.加入香草精、细砂糖35克及盐，用手动打蛋器拌匀。
5.倒入已待凉的黄油可乐。
6.筛入高筋面粉、低筋面粉、泡打粉、可可粉，拌匀成面糊。
7.将面糊装入裱花袋中，拧紧裱花袋口。
8.在玛芬模具中放入蛋糕纸杯。
9.将蛋糕面糊垂直挤入纸杯中至七分满。
10.在表面放上棉花糖。烤箱以上火170℃、下火160℃预热，模具放入烤箱中层，全程烤约18分钟，蛋糕出炉后须放凉再进行装饰。
11.淡奶油加细砂糖30克用电动打蛋器快速打发，装入裱花袋，在蛋糕体表面挤上奶油。
12.放上切半的草莓，撒上糖粉装饰即可。

看视频学西点

「薄荷酒杯子蛋糕」

烘焙时间： 15 分钟

原料 Material

无盐黄油---- 80 克
细砂糖------- 60 克
炼奶---------100 克
鸡蛋------------ 2 个
低筋面粉--- 120 克
泡打粉--------- 3 克
淡奶油--- 100 毫升
草莓------------ 3 颗
薄荷酒-------- 适量

做法 Make

1.将无盐黄油及 40 克细砂糖倒入搅打盆中，搅拌均匀。

2.倒入炼奶，搅拌均匀。

3.分 3 次加入鸡蛋，每次都要搅拌均匀。

4.筛入低筋面粉及泡打粉，搅拌均匀。

5.装入裱花袋，挤入蛋糕纸杯中，至八分满。将模具放进预热至 180℃的烤箱中层，烘烤约 15 分钟。

6.将淡奶油及 20 克细砂糖倒入搅打盆中，再用电动打蛋器打发。

7.倒入薄荷酒，搅拌均匀，装入裱花袋中。取出烤箱中的杯子蛋糕，震动几下，放凉。

8.将已打发的薄荷酒淡奶油挤在已放凉的杯子蛋糕表面，放上草莓装饰即可。

「朗姆酒树莓蛋糕」

烘焙时间： 18 分钟

原料 Material

无盐黄油---------90 克
细砂糖----------105 克
盐------------------2 克
64% 黑巧克力--35 克
鸡蛋---------------80 克
低筋面粉-------140 克
泡打粉-------------2 克
可可粉------------10 克
朗姆酒---------60 毫升
新鲜树莓----------6 个
淡奶油-------200 毫升
黄色色素----------适量

做法 Make

1.无盐黄油倒入搅打盆中。
2.加入细砂糖及盐，用手动打蛋器搅打均匀。
3.64% 黑巧克力隔水熔化后，倒入到搅打盆中，快速搅打均匀。
4.分两次加入鸡蛋，打至软滑。
5.再筛入低筋面粉、泡打粉及可可粉，搅拌至无颗粒状。
6.加入朗姆酒，用橡皮刮刀拌匀至充分融合成蛋糕糊。
7.将蛋糕糊装入裱花袋，拧紧裱花袋口。
8.烤盘中放上杯子蛋糕纸杯，将蛋糕糊挤入纸杯中至七分满。烤箱以上火 170℃、下火 160℃预热，把烤盘放入烤箱中层，全程烤约 18 分钟。
9.淡奶油用电动打蛋器快速打发，至可提起鹰钩状。
10.取一小部分已打发的淡奶油，加入几滴黄色色素，拌匀。
11.将已打发好的奶油分别装入裱花袋中，挤在蛋糕表面。先用白色奶油挤出花瓣形状，再用黄色奶油点缀出花蕊。
12.最后再加上树莓装饰即可。

看视频学西点

「抹茶红豆杯子蛋糕」

烘焙时间： 13 分钟

原料 Material

无盐黄油---280 克
糖粉---------260 克
玉米糖浆---- 30 克
鸡蛋------------2 个
低筋面粉---- 90 克
杏仁粉------- 20 克
泡打粉---------2 克
抹茶粉---------5 克
红豆粒------- 50 克
淡奶油---- 40 毫升
牛奶------- 15 毫升
抹茶粉-------- 适量
红豆粒-------- 适量

做法 Make

1.将 100 克无盐黄油及 100 克糖粉放入搅打盆中，搅拌均匀。
2.分次倒入鸡蛋，搅拌均匀，倒入淡奶油，继续搅拌。
3.倒入玉米糖浆及 50 克红豆粒，搅拌均匀。
4.筛入低筋面粉、杏仁粉、泡打粉及抹茶粉 5 克，搅拌均匀，制成蛋糕糊，装入裱花袋。
5.将蛋糕糊垂直挤入蛋糕纸杯中，放进预热至 170℃的烤箱中层烘烤约 13 分钟，取出，放凉。
6.将 180 克无盐黄油及 160 克糖粉倒入新的搅打盆中，搅拌均匀。
7.筛入适量抹茶粉，继续搅拌。
8.倒入牛奶，搅拌均匀，装入裱花袋，挤在蛋糕体上，再放上几粒红豆装饰即可。

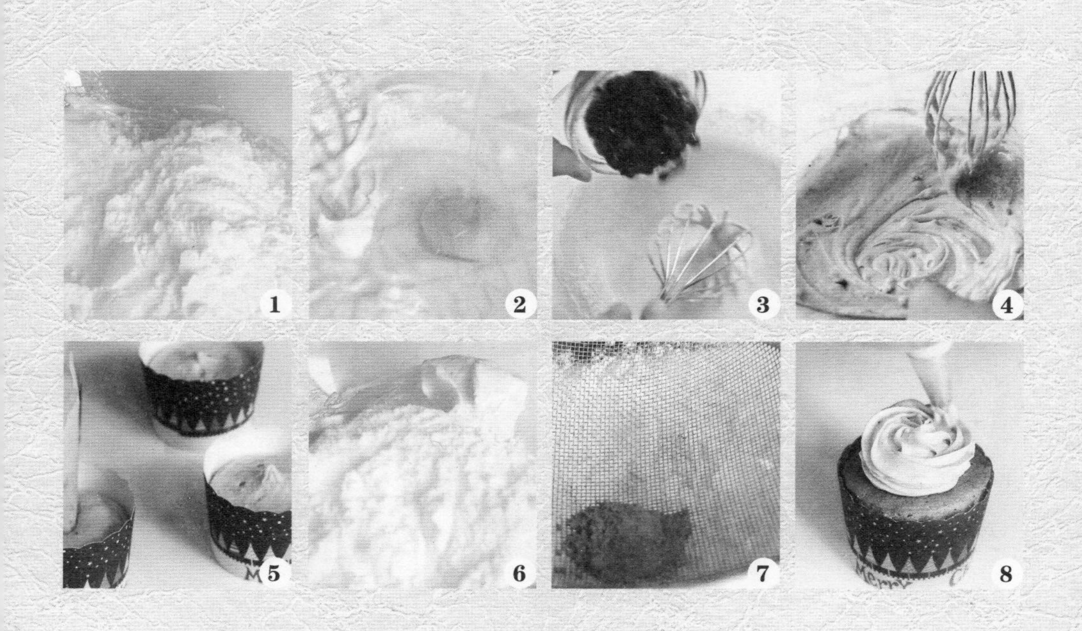

「红茶蛋糕」

烘焙时间： 17 分钟

原料 Material

鸡蛋-------------------- 1 个
水------------------12 毫升
细砂糖----------------30 克
盐----------------------- 2 克
低筋面粉-------------35 克
泡打粉------------------ 1 克
红茶叶碎----------- 1 小包
无盐黄油（热熔）-- 12 克
炼奶-------------------- 6 克
淡奶油------------80 毫升
朗姆酒------------- 2 毫升
可可粉-----------------少许

做法 Make

1.鸡蛋、细砂糖及盐用电动打蛋器慢速拌匀。

2.加入水，继续搅拌。

3.加入低筋面粉及泡打粉拌匀至稠状。

4.分别加入炼奶及热熔无盐黄油，用橡皮刮刀拌匀制成蛋糕糊。

5.在玛芬模具上先放上纸杯。

6.将蛋糕糊装入裱花袋，挤入纸杯中，至八分满。

7.撒上红茶叶碎。

8.烤箱以上火 170℃、下火 160℃预热，把模具放入烤箱中层，全程烤约 17 分钟，出炉后须待其冷却。

9.淡奶油用电动打蛋器快速打发至可提起鹰钩状。

10.在已打发的淡奶油中加朗姆酒，拌匀，装入裱花袋。

11.在裱花袋尖端剪一小口，将拌匀的淡奶油以螺旋状挤于蛋糕表面。

12.撒上可可粉装饰即可。

「古典巧克力蛋糕」

烘焙时间：20 分钟

原料 Material

蛋黄------------2 个
糖粉---------- 90 克
黑巧克力---- 80 克
无盐黄油---- 70 克
可可粉------- 20 克
牛奶---------5 毫升
低筋面粉---- 40 克
小苏打---------2 克
蛋白------------3 个
防潮糖粉----- 适量

做法 Make

1.将无盐黄油及黑巧克力倒入搅打盆中，加热熔化，拌匀。
2.加入蛋黄，搅拌均匀。
3.倒入 30 克糖粉，搅拌均匀。
4.边搅拌边倒入牛奶，继续搅拌均匀。
5.将蛋白和 60 克糖粉倒入另一个搅打盆中，快速打发，制成蛋白霜。
6.将 1/3 的蛋白霜倒入步骤 4 的混合物中，搅拌均匀。
7.在剩余蛋白霜中筛入可可粉、小苏打及低筋面粉，搅拌均匀。最后将两个搅打盆中的混合物放一起搅拌均匀，制成蛋糕糊，倒入模具中，放进预热至 170℃的烤箱中层，烘烤约 20 分钟。
8.取出蛋糕，放凉，脱模，撒上防潮糖粉装饰即可。

「栗子巧克力蛋糕」

烘焙时间：45 分钟

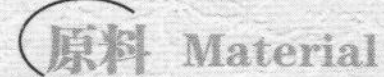

原料 Material

无盐黄油---- 50 克
苦甜巧克力 - 60 克
淡奶油---- 80 毫升
蛋黄------------ 3 个
低筋面粉---- 20 克
可可粉------- 30 克
细砂糖------- 55 克
蛋白---------100 克
栗子泥-------- 适量
防潮可可粉-- 适量
肉桂粉-------- 适量

做法 Make

1.将苦甜巧克力、无盐黄油及 30 毫升淡奶油加热熔化拌匀。
2.倒入可可粉，搅拌均匀。
3.分次倒入蛋黄，搅拌均匀。
4.筛入低筋面粉，搅拌均匀，制成蛋黄糊。
5.将蛋白及 50 克细砂糖倒入另一个搅打盆中，快速打发，制成蛋白霜。将 1/3 的蛋白霜倒入蛋黄糊中，搅拌均匀，再倒回剩余的蛋白霜中制成蛋糕糊。
6.将蛋糕糊倒入模具中，放进预热至 170℃的烤箱中层烘烤约 45 分钟。
7.将栗子泥倒入新的搅打盆中，用电动打蛋器打散，倒入 50 毫升淡奶油及 5 克细砂糖，搅拌均匀，装入裱花袋。
8.挤在蛋糕表面上，撒上防潮可可粉及肉桂粉即可。

「苹果奶酥磅蛋糕」

烘焙时间： 20 分钟

原料 Material

无盐黄油---116 克
细砂糖------- 86 克
鸡蛋------------2 个
泡打粉------ 0.5 克
低筋面粉---106 克
杏仁粉------- 12 克
苹果---------200 克
肉桂粉---------6 克

做法 Make

1.苹果去皮去籽切成小碎块。

2.锅加热，放入 10 克无盐黄油，加热至熔化，倒入苹果块和 6 克杏仁粉，拌匀后加入肉桂粉搅拌匀，即成苹果馅。

3.将 100 克无盐黄油倒入新的搅打盆中，再倒入 80 克细砂糖搅匀，分 2 次倒入鸡蛋并搅拌，加入泡打粉，再筛入 100 克低筋面粉，拌匀后加入苹果馅，搅拌均匀成蛋糕糊。

4.将蛋糕糊倒入铺好油纸的磅蛋糕模具中，用橡皮刮刀抹平，中间稍压凹。

5.将 6 克无盐黄油和 6 克细砂糖拌匀，倒入 6 克杏仁粉和 6 克低筋面粉搅拌成面团，将面团用刨刀刨在蛋糕糊的表面，最后用刀在中间竖剖一刀。

6.将模具放进预热至 180°C的烤箱中层烘烤约 20 分钟即可。

「长颈鹿蛋糕卷」

烘焙时间：14 分钟

看视频学西点

原料 Material

色拉油---- 20 毫升
蛋黄------------3 个
糖粉---------- 10 克
牛奶------- 45 毫升
低筋面粉---- 40 克
栗粉---------- 15 克
可可粉------- 15 克
蛋白------------4 个
细砂糖------- 52 克
淡奶油---100 毫升

做法 Make

1.将色拉油及牛奶倒入搅打盆，拌匀后倒入糖粉，搅拌匀。

2.筛入低筋面粉及栗粉，加入蛋黄，打匀，取 1/3 作为原味面糊；剩下的 2/3 加入可可粉，拌匀成可可面糊。

3.取另一干净的搅打盆，倒入蛋白及 40 克细砂糖，用电动打蛋器快速打发，分别加入到可可面糊和原味面糊中，搅拌均匀，制成可可蛋糕糊和原味蛋糕糊。

4.原味蛋糕糊装入裱花袋，在铺有油纸的方形烤盘中画出长颈鹿的纹路，再放入预热至 170℃的烤箱中层烘烤 2 分钟。

5.取出烤盘，在表面倒入可可蛋糕糊，抹平，放入烤箱，以 170℃烘烤约 12 分钟，烤好后，取出，撕下油纸，放凉。

6.搅打盆中倒入淡奶油及 12 克细砂糖打发，抹在蛋糕没有斑纹的那一面，将蛋糕体卷起，放入冰箱冷藏 30 分钟定型。

「抹茶芒果戚风卷」

烘焙时间：8～10 分钟

看视频学西点

原料 Material

蛋黄------------3 个
糖粉---------100 克
抹茶粉------- 10 克
牛奶------- 40 毫升
色拉油---- 30 毫升
低筋面粉---- 50 克
蛋白------------3 个
淡奶油---200 毫升
芒果丁-------- 适量

做法 Make

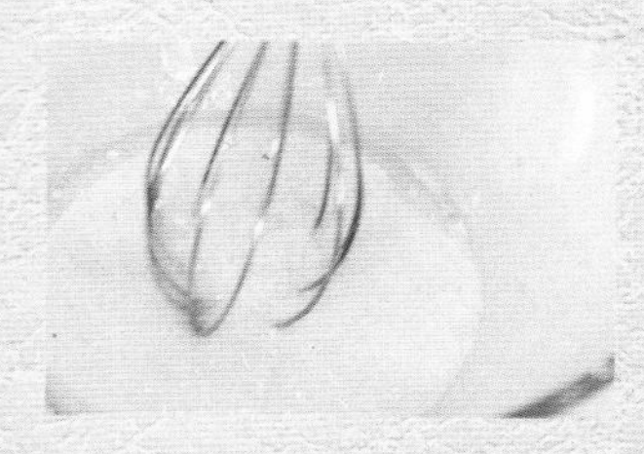

1. 将牛奶与色拉油倒入搅打盆中，搅拌均匀。

2. 倒入 35 克糖粉，搅拌均匀。

3. 筛入低筋面粉及抹茶粉，搅拌均匀。

4. 倒入蛋黄，搅拌均匀，制成蛋黄糊。

5. 取另一搅打盆，倒入蛋白及 35 克糖粉打发，制成蛋白霜。

6. 将 1/3 的蛋白霜倒入蛋黄糊中，搅拌均匀，再倒回至剩余的蛋白霜中，搅拌均匀，制成蛋糕糊。

7. 将蛋糕糊倒在铺好油纸的烤盘上，抹平，放进预热至 220℃的烤箱中层，烘烤 8~10 分钟。

8. 将淡奶油及 30 克糖粉倒入搅打盆中，用电动打蛋器打发。

9. 取出烤好的蛋糕体，撕下油纸，放凉，抹上已打发的淡奶油，均匀撒上芒果丁，卷起，放入冰箱冷藏定型，切开即可食用。

看视频学西点

「草莓慕斯」

冷藏时间： 4 小时

原料 Material

原味戚风蛋糕---------1片
已打发的淡奶油---160克
新鲜草莓汁------230毫升
细砂糖---------------- 70克
吉利丁片------------- 10克
柠檬汁------------- 15毫升
草莓丁---------------- 70克
镜面果胶------------- 20克
草莓酱----------------- 适量
草莓-------------------- 适量
夏威夷果仁----------- 适量

做法 Make

1.吉利丁片用水泡软，挤干水分，取5克加热至熔化。

2.将新鲜草莓汁及柠檬汁倒入搅打盆中，与细砂糖及步骤1中的吉利丁溶液混合均匀。

3.将已打发的淡奶油倒入步骤2的混合液中，搅拌均匀成慕斯液。

4.在模具底部铺好原味戚风蛋糕，倒入步骤3中一半的慕斯液，放上草莓丁。

5.再倒入剩余的慕斯液，抹平，放入冰箱冷藏4小时或以上。

6.将草莓酱过滤到搅打盆中，剩余的5克吉利丁片隔水加热熔化，倒入搅打盆中，再加入镜面果胶，搅拌均匀。

7.取出已凝固的慕斯蛋糕，将步骤6的混合物倒在表面，放回冰箱冷藏至凝固。

8.取出蛋糕，脱模，最后放上草莓和夏威夷果仁装饰即可。

「香橙慕斯」

冷冻时间：4小时

原料 Material

蛋糕------------1 个
橙汁------100 毫升
细砂糖------- 50 克
水---------- 15 毫升
蛋黄------------2 个
吉利丁片---- 15 克
君度酒---- 10 毫升
淡奶油---220 毫升
鲜果----------- 适量

做法 Make

1.取出制作好的蛋糕体。

2.待蛋糕体冷却后，从中间平均切成两份。

3.淡奶油用电动打蛋器快速打发，放入冰箱冷藏。

4.吉利丁片用水泡软。

5.细砂糖与水煮溶制成糖水。

6.蛋黄打散，倒入糖水，搅拌均匀。

7.倒入橙汁及君度酒，搅拌均匀。

8.加入泡软的吉利丁片，须挤干水分，搅拌均匀。

9.分三次加入已打发的淡奶油（留少许备用），搅拌均匀，制成慕斯液。

10.在直径约为15厘米的圆形慕斯模具底部裹上保鲜膜。倒入一层慕斯液，放一层蛋糕体。

11.铺平后再倒一层慕斯液，再铺上一层蛋糕体，放入冰箱冷藏凝固。

12.凝固后从冰箱取出，撕下保鲜膜，用喷火枪在慕斯模具四周加热，脱模。用奶油和鲜果加以装饰即可。

「蓝莓焗芝士蛋糕」

烘焙时间：20 分钟

原料 Material

奶油奶酪---280 克
橄榄油---- 15 毫升
细砂糖------- 40 克
鸡蛋------------1 个
蓝莓果酱---- 30 克

做法 Make

1.将奶油奶酪放入搅打盆中，搅拌至顺滑。

2.倒入细砂糖，搅拌均匀。

3.倒入鸡蛋，搅拌均匀。

4.倒入蓝莓果酱 20 克及橄榄油，继续搅拌制成芝士糊。

5.将芝士糊倒入已包好油纸的慕斯圈中。

6.放入预热至 180℃的烤箱中层烘烤约 20 分钟，至表面上色，取出放凉，用抹刀分离模具及蛋糕边缘，脱模，放上剩余的蓝莓果酱装饰即可。

「意大利波伦塔蛋糕」

烘焙时间：40 分钟

看视频学西点

原料 Material

鸡蛋---------100 克
细砂糖------- 80 克
牛奶------- 75 毫升
无盐黄油---- 60 克
低筋面粉---- 70 克
栗粉---------- 65 克
泡打粉---------2 克
柠檬皮---------1 个
葡萄干------- 40 克
朗姆酒---- 50 毫升
苹果------------1 个
杏仁片------- 25 克
糖粉---------- 20 克

做法 Make

1.将朗姆酒倒入葡萄干中，浸泡；苹果切片；柠檬皮刨出细屑，备用。

2.在搅打盆中倒入鸡蛋及细砂糖，搅拌均匀，再倒入牛奶，搅拌均匀。

3.将无盐黄油隔水加热熔化，在模具的底部涂一层无盐黄油，剩余的倒入步骤 2 的混合物中，搅拌均匀。

4.筛入低筋面粉、栗粉及泡打粉，搅拌均匀。

5.加入柠檬屑，搅拌均匀，再放入葡萄干，搅拌均匀，制成蛋糕糊，倒入模具中，蛋糕糊表面均匀放上一层苹果片。

6.撒上杏仁片及糖粉，放入预热至 190℃的烤箱中层，烘烤约 40 分钟即可。

「伯爵茶慕斯蛋糕」

冷藏时间： 4 小时

原料 Material

消化饼干------100 克
无盐黄油--------30 克
吉利丁片---------5 克
伯爵红茶包------1 袋
白巧克力--------70 克
淡奶油------200 毫升
橙酒-----------15 毫升
细砂糖-----------55 克
可可粉------------适量
防潮糖粉---------适量
草莓---------------少许
打发的淡奶油---少许
薄荷叶------------少许

做法 Make

1.将消化饼干敲碎，加入无盐黄油，搅拌均匀，倒入慕斯圈中，按压紧实，冷冻 30 分钟后取出成饼干底。

2.将伯爵红茶包放在 10 毫升淡奶油中，小火煮至边缘冒小泡，不要煮开，关火备用。

3.将泡软的吉利丁片加进红茶奶油中，搅拌均匀。

4.倒入白巧克力，搅拌均匀。

5.将淡奶油 10 毫升加细砂糖倒入另一干净搅打盆中，加入橙酒，打至 8 分发。

6.将红茶奶油注入打至 8 分发的淡奶油中搅拌均匀成慕斯糊。

7.取出饼干底。

8.将慕斯糊注入慕斯圈中，放入冰箱冷藏 4 小时。取出后撕掉保鲜膜，放在转盘上用火枪沿慕斯圈边缘喷射一周，脱模后在表面筛上防潮糖粉、可可粉，用少许草莓、打发的淡奶油和薄荷叶装饰即可。

「花园蛋糕」

冷冻时间：3 小时

原料 Material

杏仁片------- 75 克
榛果---------- 75 克
开心果---------7 克
无盐黄油---- 30 克
吉利丁片------5 克
冰水------- 50 毫升
奶油奶酪---170 克
细砂糖------- 30 克
覆盆子果蓉- 50 克
柠檬汁---- 10 毫升
淡奶油---130 毫升
朗姆酒------5 毫升
玫瑰干花----- 少许

做法 Make

1.坚果用搅碎机搅碎，加入无盐黄油搅拌均匀，放入底部包好保鲜膜的慕斯圈中，压紧实，放入冰箱冷藏 30 分钟；吉利丁片加入冰水泡软，放入微波炉加热 30 秒成液体。

2.奶油奶酪室温软化搅拌均匀后加入细砂糖、柠檬汁、吉利丁液、覆盆子果蓉。

3.每加入一样都需要搅拌均匀。

4.将冷藏后的淡奶油加入朗姆酒中用电动打蛋器打至七八分发。

5.将打发的淡奶油分次倒入装有奶油奶酪的碗中用橡皮刮刀混合均匀成覆盆子奶酪馅。

6.取出坚果底再倒入覆盆子奶酪馅，抹平表面。

7.放入冰箱冷藏 2 小时以上。

8.取出蛋糕，用火枪在慕斯圈四周加热后脱模，最后在表面放上玫瑰干花装饰即可。

Chapter 5

挞、派及其他点心

你是偏爱外热内冷的泡芙，还是更爱外酥内滑的蛋挞，或者清凉的布丁？本章都将为你一一呈现。酥脆的外皮包裹着绵密爽滑的内馅，一口一个，不知不觉就会爱上这独特的滋味。

「卡仕达酥挞」

烘焙时间：30 分钟

原料 Material

卡仕达酱----- 适量
高筋面粉---- 65 克
低筋面粉---- 60 克
盐---------------2 克
水---------- 63 毫升
无盐黄油---- 64 克
糖粉----------- 适量

做法 Make

1. 碗中筛入高筋面粉、低筋面粉搅拌均匀，再加入盐搅拌均匀。

2. 分次加入水，用橡皮刮刀搅拌均匀。

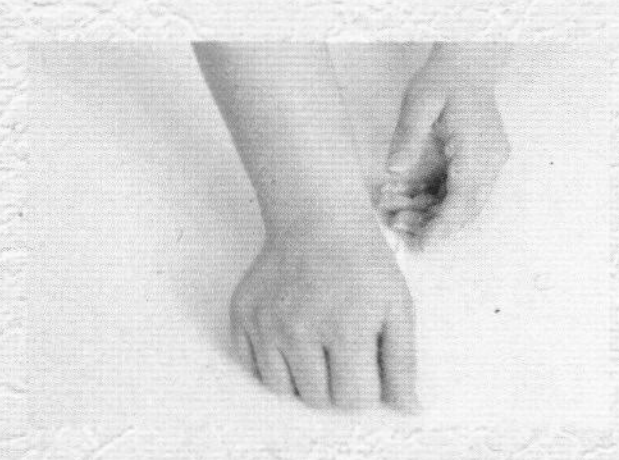

3. 用手将面团揉至光滑，擀成薄面皮。

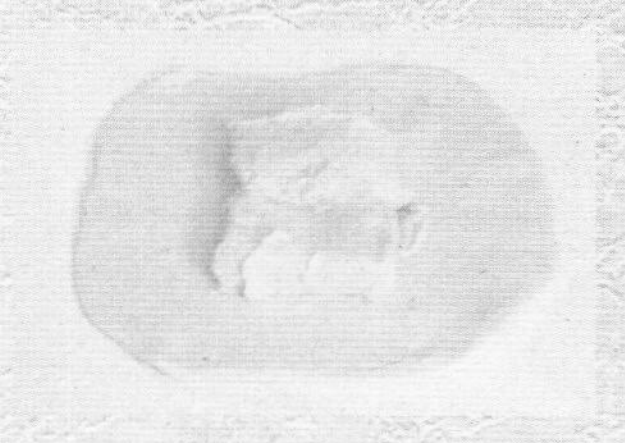

4. 用擀面杖将无盐黄油擀入面皮中。

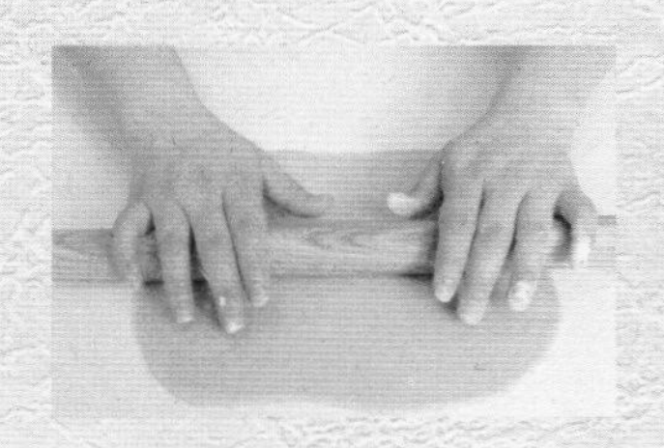

5. 反复多次折叠擀入，完毕后置于烤盘上，放入烤箱中层烘烤，以 180℃烘烤 30 分钟。

6. 取出烤好的面皮切成块，即酥挞皮。

7. 烤好的酥挞皮上挤上卡仕达酱，再盖上一层酥挞皮，重复该步骤，做出三层的卡仕达酥挞。

8. 最后在表面撒上糖粉，装饰即可。

「红糖伯爵酥挞」

烘焙时间：30 分钟

原料 Material

无盐黄油---- 80 克
红糖---------- 45 克
全蛋液------- 10 克
低筋面粉---- 80 克
伯爵茶粉------ 2 克
栗粉---------- 15 克
杏仁片------- 15 克

做法 Make

1.将无盐黄油放入干净的搅打盆中。
2.加入红糖搅拌均匀。
3.倒入全蛋液，用电动打蛋器搅打均匀。
4.筛入低筋面粉、伯爵茶粉、栗粉，用橡皮刮刀翻拌至无干粉的状态，成细腻的饼干面糊。
5.将饼干面糊装入挞模具中，并用抹刀将表面抹平，装饰些许杏仁片。
6.将挞模具置于烤盘上，放入预热至 160℃的烤箱中层，烘烤 30 分钟即可。

「蛋挞」

烘焙时间： 25 分钟

原料 Material

草莓果酱---100 克
挞皮----------- 适量
卡仕达酱----- 适量

做法 Make

1.将制作好的挞皮放入挞模具内贴合好。
2.将草莓果酱装入裱花袋内，然后挤入挞皮，放入冰箱备用。
3.取出挞皮，将卡仕达酱挤入挞皮中填至八分满。
4.最后放入预热至 180°C的烤箱中层烘烤 25 分钟即可。

看视频学西点

「草莓挞」

烘焙时间：20 分钟

原料 Material

蛋黄------------2 个
牛奶------170 毫升
奶油---------- 75 克
杏仁粉------- 75 克
鸡蛋------------3 个
低筋面粉---241 克
黄奶油------150 克
草莓----------- 适量
细砂糖------- 50 克
糖粉---------150 克

做法 Make

1.将黄奶油装入碗中，加入糖粉 75 克，打入 1 个鸡蛋，加入 110 克低筋面粉，搅拌拌匀，并揉成面团。

2.在台面上撒少许低筋面粉，将面团搓成长条，分成两半，用刮板切成小剂子。

3.将 2 个鸡蛋打入容器中，加入糖粉 75 克，放入奶油、杏仁粉，拌至成糊状，制成杏仁馅。

4.将拌好的杏仁馅装入蛋挞模中至八分满。

5.把蛋挞模放入烤盘中，再放入预热好的烤箱中层，以上、下火 180 ℃，烤 20 分钟至其熟透。

6.将牛奶煮开，放入细砂糖、蛋黄、剩余低筋面粉，拌匀，煮成糊状，即成卡仕达酱。

7.去除蛋挞模具，将蛋挞放在盘中。用刮板将卡仕达酱装入裱花袋中。用刀将草莓一分为二，但不切断，装盘待用。

8.将卡仕达酱挤在蛋挞上，在上面放上草莓即成。

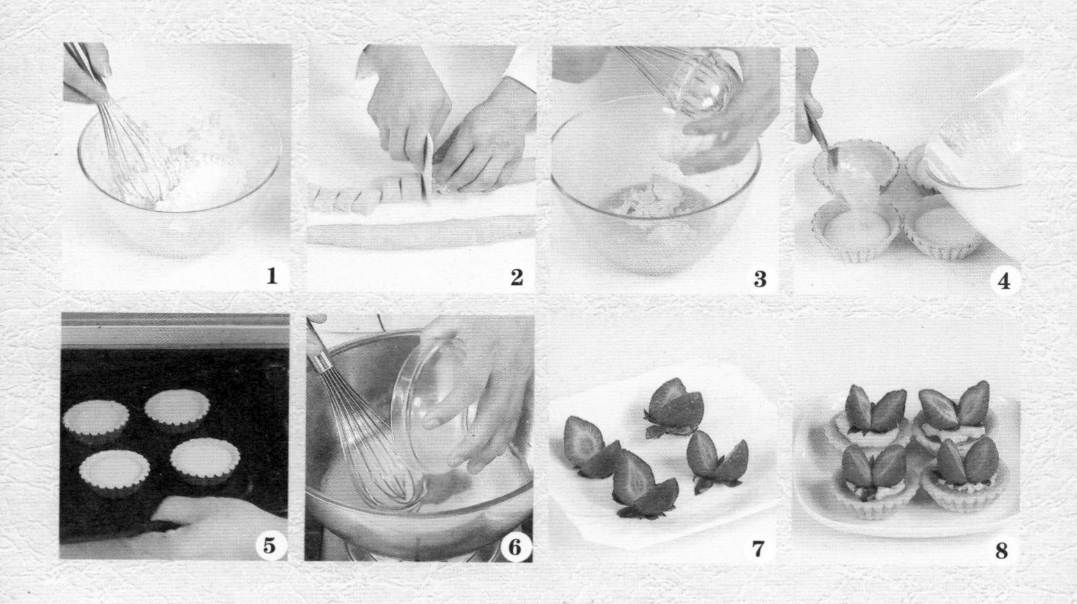

「西洋梨挞」

烘焙时间：10～15 分钟

原料 Material

挞皮----------- 适量
无盐黄油---- 60 克
糖粉---------- 60 克
细砂糖---------8 克
鸡蛋液------- 50 克
杏仁粉------- 60 克
朗姆酒------2 毫升
开心果-------- 适量
西洋梨罐头---1 罐

做法 Make

1.取出一个无水无油的搅打盆。
2.加入无盐黄油，用电动打蛋器低速搅打。
3.分次加入糖粉，再加入细砂糖，每次加入都需要搅打均匀，至无盐黄油呈蓬松羽毛状。
4.倒入鸡蛋液继续搅拌，直至鸡蛋被完全吸收。
5.筛入杏仁粉，接着倒入朗姆酒，用橡皮刮刀搅拌均匀，馅料部分完成。
6.将拌好的馅料装入裱花袋中，从挞皮中央向外以画圈的方式填充内馅。
7.切好的西洋梨摆放在挞的表面呈放射状。
8.放入预热至 180℃的烤箱中层，烘烤 10~15 分钟。
9.将开心果捣碎，撒在边缘作装饰即可。

「核桃派」

烘焙时间：20 分钟

原料 Material

鸡蛋---------------1 个
黑砂糖-----------40 克
麦芽糖-----------60 克
细砂糖------------8 克
无盐黄油--------40 克
肉桂粉------------2 克
核桃仁-----------50 克
完整的胡桃仁---适量
派皮---------------适量

做法 Make

1.将派皮铺在派盘中，用手按压使它与派模具贴紧。
2.切除多余的派皮，放入冰箱冷藏 30 分钟。
3.将核桃仁切碎；将 20 克无盐黄油隔水加热熔化。
4.取另一个搅打盆，倒入鸡蛋、黑砂糖、麦芽糖、细砂糖以及熔化的无盐黄油用打蛋器搅拌均匀。
5.放入肉桂粉和切碎的核桃仁搅拌均匀，馅料完成。
6.用叉子在派皮上戳几个小洞并倒入馅料。
7.放上完整的胡桃仁装饰，再放入预热至 180℃的烤箱中层烘烤 20 分钟即可。

「千丝水果派」

烘焙时间：40 分钟

原料 Material

面粉---------340 克
黄油---------200 克
鸡蛋---------- 75 克
低筋面粉---200 克
肉桂粉---------1 克
胡萝卜丝---- 80 克
菠萝干------- 70 克
核桃---------- 60 克
细砂糖------100 克
草莓----------- 适量
蓝莓----------- 适量
红加仑-------- 适量
樱桃----------- 适量
水------------- 适量

做法 Make

1.把黄油 100 克、水、面粉倒入搅打盆中。

2.拌匀后，用擀面杖擀成面饼。

3.将面饼按入模具中，用刮板刮去剩余部分，将剩余的面团擀成条状，然后绕派模内部一圈，并将派模放进烤箱烘烤约 15 分钟。

4.把黄油 100 克、细砂糖、鸡蛋倒入搅打盆中拌匀，再倒入低筋面粉、胡萝卜丝、肉桂粉、菠萝干、核桃，搅拌均匀成派心。

5.派底烤好后取出，用长柄刮板慢慢将派心放进烤好的派底中。

6.用刀整平表面，将烤盘放进烤箱烘烤约 25 分钟。

7.取出烤好的派以及备好的鲜果。

8.当派皮冷却后用新鲜水果装饰即可。

「松饼」

烘焙时间：5 分钟

原料 Material

松饼预拌粉-- 250 克
鸡蛋-------------- 1 个
植物油-------70 毫升
白砂糖-----------适量
水-----------------适量

做法 Make

1.在备好的搅打盆中依次倒入松饼预拌粉、水、鸡蛋、植物油，混合均匀并揉成面团。

2.将揉好的面团平均分成两份，用手压成面饼状，面饼两面均沾上白砂糖。

3.松饼机预热 1 分钟后，把面饼放入，盖上盖子烤 5 分钟即可。

「卡仕达布丁」

烘焙时间：1 小时

原料 Material

细砂糖------- 80 克
水---------- 15 毫升
鸡蛋------------ 2 个
牛奶------250 毫升
橙酒------- 10 毫升
香草荚------ 1/4 条

做法 Make

1.将细砂糖 30 克和水倒入小锅中，边加热边搅拌至细砂糖呈焦色。

2.将焦糖糖浆倒入布丁杯中做底。

3.鸡蛋搅散，加入 25 克细砂糖，搅拌均匀。

4.将牛奶、25 克细砂糖、橙酒倒入锅里，加入剪碎的香草荚。

5.将香草牛奶加入到全蛋液中，边加入边搅拌，搅拌均匀后的液体用筛网过筛一遍，布丁液完成。

6.将过筛的布丁液加入到布丁杯中，布丁杯放在烤盘上，烤盘洒水，放进预热至 150℃的烤箱中层，烘烤 1 小时。取出后常温放凉，然后放置在冰箱中冷藏 4 小时。

「芒果果冻」

冷冻时间：30 分钟

原料 Material

芒果酱------100 克
果冻粉------- 25 克
细砂糖------- 20 克
朗姆酒---- 10 毫升

做法 Make

1.将芒果酱倒入锅里，边加热边用橡皮刮刀搅拌均匀。

2.先倒入一部分细砂糖。

3.搅拌均匀后再倒入剩余的细砂糖，至细砂糖完全与芒果酱融合。

4.倒入果冻粉，用橡皮刮刀继续搅拌。

5.倒入朗姆酒搅拌均匀，果冻液完成。

6.将果冻液倒入甜品杯中抹平，放入冰箱冷冻直至凝固即可。

「青柠酒冻」

制作时间：2~3小时

原料 Material

白葡萄酒150毫升
柠檬汁---- 10毫升
细砂糖------- 50克
水-------------- 适量
冰块----------- 适量
柠檬------------2片
青柠------------2片
吉利丁片------5克

做法 Make

1.将白葡萄酒、柠檬汁、细砂糖依次倒入锅中。

2.加入泡软的吉利丁片，用软刮板持续搅拌至吉利丁片完全溶化，制成柠檬酒果冻液。

3.准备一盆水，放入冰块。

4.将柠檬酒果冻液装入干净的容器中，隔冰块水降温至柠檬酒果冻液开始变得浓稠。

5.将柠檬酒果冻液倒入杯中至八分满，再把青柠片和柠檬片放在果冻液表面和杯口装饰。

「思慕雪」

制作时间：6 分钟

原料 Material

老酸奶------600 克
黄心猕猴桃-- 少许
绿心猕猴桃-- 少许
香蕉------------2 根
草莓------------8 颗

做法 Make

1.须打成冰沙的香蕉、草莓洗干净去皮切成小块，放到冰箱冷冻层冷冻至坚硬结霜。

2.贴壁装饰的黄心猕猴桃、绿心猕猴桃均去皮，切成薄片。

3.小心地将装饰水果贴在玻璃杯内壁上，可用竹签等工具辅助贴牢。

4.把 300 克老酸奶倒入料理机中，加入冻好的香蕉块，搅打成泥，小心地倒入杯子下层。

5.把 300 克老酸奶倒入料理机中，加入冻好的草莓块，搅打成泥，小心地倒入杯子上层即可。

「芒果轻芝士」

制作时间：15 分钟

原料 Material

芒果---------800 克
趣多多饼干- 30 克
鸡蛋------------2 个
柠檬------------1 个
水---------100 毫升
冰糖---------- 30 克
细砂糖------- 37 克
冰块----------- 适量
芝士 ----------80 克

做法 Make

1.趣多多饼干放入保鲜袋，使用擀面杖擀碎，放入杯底。

2.将鸡蛋的蛋清和蛋黄分离，细砂糖放入蛋黄中，使用手动打蛋器打至微微发白，加入 40 克芝士，搅拌均匀。

3.热锅中放入芒果炒热，加入冰糖，注入 50 毫升水，搅拌均匀，盖上锅盖，焖 10 分钟。

4.锅中收干水分后，取出芒果，制好芒果酱，再将芒果酱放入冰块中降温。

5.将柠檬擦出柠檬屑，加入柠檬汁，再倒入芒果酱中；锅中放入细砂糖 20 克，加入剩余水，煮至焦糖色，冷却至糖浆呈浓稠状，吊出糖丝。

6.杯中放入剩余芝士，铺上芒果酱，加入糖丝即可。

「拿破仑千层水果酥」

烘焙时间： 20 分钟

原料 Material

高筋面粉---300 克
低筋面粉---- 80 克
细砂糖------- 25 克
水---------120 毫升
鸡蛋---------- 35 克
黄油---------- 25 克
片状酥油---- 80 克
奶油----------- 适量
新鲜水果丁-- 适量

做法 Make

1.把高筋面粉、低筋面粉、细砂糖、水、鸡蛋、黄油用长柄刮板全部倒进面包机中搅拌均匀成面团。

2.把面团用擀面杖擀成片状，压上片状酥油，然后继续擀成其他片状，重复三次直到把片状酥油擀均匀，常温醒发 2 分钟后酥皮就制作好了。

3.烤盘上垫烘焙纸，放上酥皮，用餐叉刺上一排排小洞，以免烤的时候酥皮隆起。

4.把烤盘放进预热好的烤箱中烘烤约 20 分钟，至酥皮表面微金黄，取出待凉。

5.用电动打蛋器将奶油打发好。

6.酥皮切大小均匀的方块。

7.先在盘上放一片酥皮，将打发好的奶油装入裱花袋中，用裱花嘴在酥皮上挤出花形。

8.放上新鲜水果丁，再放上第二层酥皮，挤上奶油，铺水果，最后再铺上一块酥皮，同样用水果和奶油装饰即可。

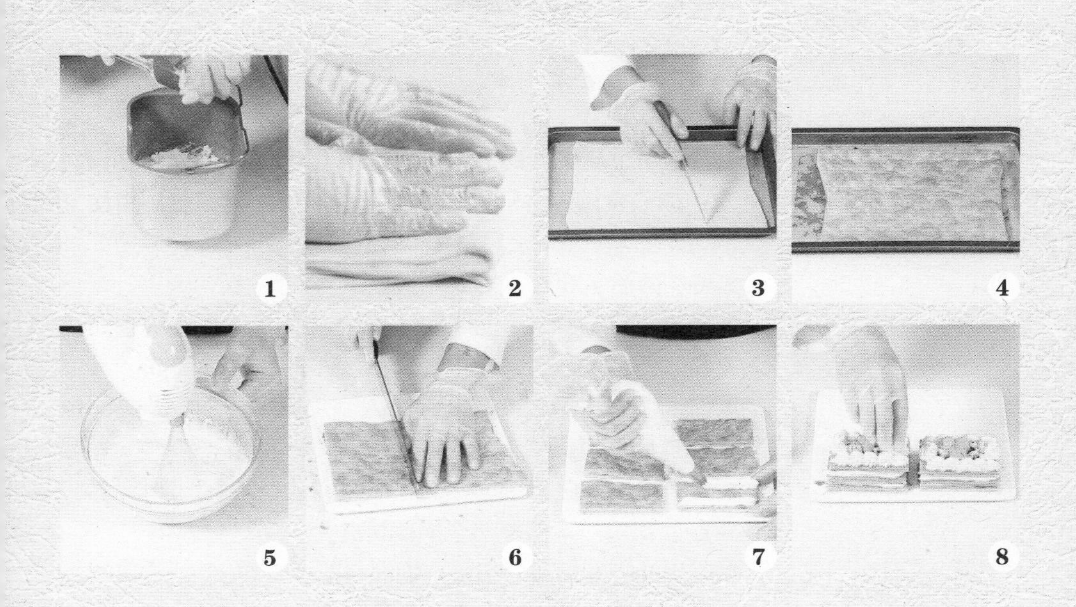

「香草泡芙」

烘焙时间：25 分钟

原料 Material

黄油---------- 69 克
牛奶------320 毫升
低筋面粉---- 70 克
全蛋液------121 克
蛋黄---------- 38 克
栗粉---------- 22 克
香草荚--------- 1 根
淡奶油---200 毫升
盐------------- 13 克
白糖---------- 41 克
水---------- 71 毫升

做法 Make

1.黄油切小块装入锅中，加入牛奶 70 毫升、盐、白糖 20 克、水，加热至沸腾，加入过筛的低筋面粉，边加热边用橡皮刮刀不断从底部铲起来，拌均匀后关火。

2.待其降温至 50°左右后，分次加全蛋液，拌匀。

3.烤箱预热 180 ℃，面糊装入裱花袋，用圆形花嘴在烤盘上挤出圆形，放入烤箱中层烘烤 25 分钟左右成泡芙。

4.锅中注入牛奶 250 毫升，挤入刮出香草籽的香草荚，煮出味道后拿出香草荚（煮沸后多煮一分钟）。

5.蛋黄中加入白糖 21 克，再加入栗粉、香草牛奶搅拌均匀，再倒回锅里，不停搅拌至浓稠状离火。

6.淡奶油打发后和牛奶蛋黄糊混合搅拌均匀，制成泡芙馅。在烤好的泡芙底部扎小洞，挤入泡芙馅即可。